高职高专计算机类专业系列教材

数据结构与算法项目化教程

杨文元　编著

西安电子科技大学出版社

内 容 简 介

本教程以程序设计语言作为数据结构与算法的实现工具，构建了 9 个学习情境，分别是程序设计语言基础、认识数据结构与算法、线性表、栈和队列、串、树和二叉树、图、排序、查找与演示项目开发等。

本教程的特色是对数据结构的操作全部程序化，代码完全可运行，各个学习情景都可以形成一个项目或多个项目，将枯燥的理论融入有趣的、可运行的程序实现，激发学习者的兴趣。本教程图文并茂，层次分明，逻辑清晰，详略得当。

本教程可作为高职高专院校电子信息类专业的教材。内容设置充分考虑了当前学校教学及学生的现状，对于没有程序设计语言基础的学习者，专门设置了有关程序设计语言基础的学习情境。对于有一定程序设计语言基础的学习者，可略去此部分内容。

本教程也可作为计算机学习者的参考教材。

图书在版编目(CIP)数据

数据结构与算法项目化教程/杨文元编著. —西安：西安电子科技大学出版社，2011.2
(2022.8 重印)
ISBN 978-7-5606-2539-3

Ⅰ. ① 数⋯　Ⅱ. ① 杨⋯　Ⅲ. ① 数据结构—高等学校—教材　② 算法分析—高等学校—教材　Ⅳ. ① TP311.12

中国版本图书馆 CIP 数据核字(2011)第 002439 号

责任编辑　张　玮　云立实　明政珠
出版发行　西安电子科技大学出版社(西安市太白南路 2 号)
电　　话　(029)88202421　88201467　　　邮　　编　710071
网　　址　www.xduph.com　　　　　　电子邮箱　xdupfxb001@163.com
经　　销　新华书店
印刷单位　广东虎彩云印刷有限公司
版　　次　2011 年 2 月第 1 版　2022 年 8 月第 4 次印刷
开　　本　787 毫米×1092 毫米　1/16　印 张　17.25
字　　数　403 千字
印　　数　3601~4100 册
定　　价　41.00 元
ISBN 978 - 7 - 5606 - 2539 - 3/TP

XDUP 2831001-4

如有印装问题可调换

前　言

　　"数据结构与算法"是一门理论性和实践性较强的课程，是计算机专业的基础和核心，是计算机及相关专业的学生和欲参加"软件水平资格考试"者必须学习和掌握的。

　　目前众多的《数据结构与算法》传统教材都是基于理论知识进行讲解，缺乏用程序实现并得到可见的操作结果的过程，这在很大程度上造成了在学习该课程时感到难于理解、枯燥无味。

　　同时，在教学中笔者也发现了很多学生虽然学习过 C 语言、C++或 Java 等程序设计语言，但却无法使用学习的程序设计语言知识或技能来实现数据结构的操作，语言工具和数据结构互不相识，形同陌路。这些问题是在"数据结构与算法"课程的教学中很多教师所共同面临的。

　　如何解决"数据结构与算法"教与学过程的这些困惑和困难是笔者自 1994 年开始讲授"数据结构"课程以来，长久思考的问题。2007 年 1 月笔者接受了西安电子科技大学出版社编写本书的委托，结合自身多年的教学实践经验，编写了本书的初稿。在此之后的近 4 年中，本书的初稿经多个不同层次的班级使用。通过试点教学，指导学生学习、实践并创新，笔者受到了不少启发，本书的初稿也得到了不断完善的机会。现在，经过长期思考、探索，努力创建结合程序设计语言和"数据结构与算法"实现要求、有别于传统教材的创新教程：《数据结构与算法项目化教程》终于得以正式出版。在感到欣慰的同时，笔者也希望能听到来自使用本书的教师和学生的意见和建议，你们的意见对于本书的改进和完善至关重要。

　　本教程的创新点主要体现在以下几点：

　　(1) 所有数据结构操作和算法全部用程序代码实现可运行，运行结果用于验证算法的正确性。

　　(2) 提供了完整可运行的程序代码。

　　(3) 假设学习者没有任何程序语言基础，让学习者在学习数据结构与算法的同时学习程序设计语言的应用编程技能。

　　(4) 通过实践激发学习者的兴趣。

　　本教程的目标是让学习者达到数据结构与算法、程序设计语言学习双丰收，从而真正地学好"数据结构与算法"这门课程。本教程可作为独立教材，也可以作为参考书，适合计算机学习者、程序设计学习者以及参加"软件水平资格考试"的程序员和软件工程师。

本教程由杨文元编写。笔者在编写过程中得到了很多同行教师及学生的帮助;西安电子科技大学出版社云立实编辑对于本教程的出版给予了大力支持,并提出了许多宝贵意见,谨此一并表示衷心的感谢。

另外,本书在正式出版前,对部分内容进行了必要调整。其中演示项目程序引用了吴李强和许健全编写的部分代码并做了修改,书中程序则由 2009 级软件技术 1、2 班和 2010 级软件技术 1 班的同学校验和测试。在此也对他们的努力表示衷心感谢。

由于编者水平有限,教程中难免存有疏漏和不妥之处,敬请读者不吝提出批评、建议或感想,一起交流。

编者的 E-mail: 539869678@qq.com

编　者

2011 年 1 月

目　　录

学习情境 0　程序设计语言基础

本学习情境将学习《数据结构与算法项目化教程》中 Java 程序设计所需要的语言知识和技能，目标是为后续的学习情境准备充足的工具基础。

0.1　任务一　开发环境

0.1.1　子任务 1　下载开发软件

1. 下载 Java Development Kit(JDK)

第 1 步：连接因特网，搜索 Sun 公司的网站地址并进入 Java 开发软件下载界面，或直接在浏览器地址栏输入"http://java.sun.com/javase/downloads/index.jsp"，如图 0-1 所示。

图 0-1　Java 开发软件下载界面

第 2 步：单击"Java Download"图标，由于不同时期的下载操作略有不同，因此可按提示进行操作，完成下载工作。

第 3 步：将下载后的文件复制到适当的磁盘目录中，以方便管理。

2. 下载集成开发工具 NetBeans IDE

第 1 步：进入如图 0-1 所示的界面。

第 2 步：单击"NetBeans Download"图标，按提示进行操作，完成下载工作。

第 3 步：将下载后的文件复制到适当的磁盘目录中，以方便管理。

0.1.2　子任务 2　JDK 的安装和配置

1. JDK 安装

第 1 步：双击已下载的 Java Development Kit(JDK)安装文件 jdk-6u21-windows-i586.exe，
单击"下一步"按钮，进入图 0-2 所示的安装选项窗口。

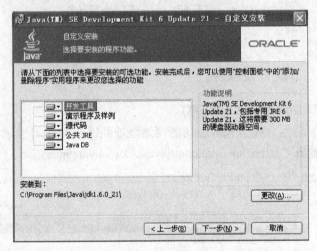

图 0-2　安装选项

第 2 步：单击"更改"按钮，进入修改安装目录的窗口，如图 0-3 所示，修改 C 盘为 D
盘(或其他盘，当然也可以不必修改安装目录)。之后单击"确定"按钮，返回原来界面，
单击"下一步"按钮安装 Java SE Development Kit(Java 虚拟机，用于开发与运行 Java 程序)。

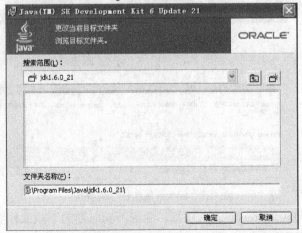

图 0-3　改变安装目录

第 3 步：进行 jre(Java Runtime Environment，即 Java 运行环境)的安装，与第 2 步类似，更改安装目录后单击"下一步"按钮即可开始安装。安装结束后，单击"完成"按钮，即可完成 JDK 的安装。

2．JDK 的配置

完成 JDK 安装后，还要进行 Windows 环境配置，操作步骤如下：

第 1 步：用资源管理器打开 JDK 的安装目录，如图 0-4 中鼠标所指，选中地址栏中"D:\Program Files\Java"后，右击鼠标，选择"复制"(将安装目录复制到剪贴板)。

图 0-4　JDK 的安装目录

第 2 步：右击"我的电脑"(桌面或资源管理器均可)→选择"属性"→选择"高级"选项卡，单击"环境变量"按钮，单击上半窗口中的"新建"按钮。

第 3 步：在"新建用户变量"对话框中，在"变量名"的编辑框中输入"JAVA_HOME"，在"变量值"编辑框中点击鼠标右键，选择"粘贴"，再单击"确认"，完成 JAVA_HOME 的配置。

说明：这个配置可以直接用键盘输入，但是用"复制+粘贴"命令速度更快，且不容易出错。

注意：环境中的"变量值"应以用户实际安装目录为准。输入字母和字符应该是半角字符，不能是全角字符。

第 4 步：在"环境变量"窗口中的下半窗口中查找变量"Path"并选中，结果如图 0-5 所示，单击"编辑"按钮，在"变量值"的编辑框中，将光标移到最后，先输入一个半角分号(;)，接着，如图 0-6 所示，复制 Java 的实际安装目录"D:\Program Files\Java\jdk1.6.0_21\bin"，并粘贴到刚输入的分号之后的位置，最后单击"确定"按钮，完成 Path 设置。

图 0-5　选中系统变量中的 Path

图 0-6　复制 Java 命令文件目录

说明：这个配置同样可以直接用键盘输入，但是用"复制+粘贴"命令速度更快，且不容易出错。

注意：环境中的"变量值"应以用户实际安装目录为准，输入字母和字符应该是半角字符，不能是全角字符。

第 5 步：单击图 0-5 Windows 环境变量窗口中的"确定"按钮，返回到 Windows 属性窗口，单击"确定"按钮。到此完成 Java 的运行环境配置。

第 6 步：验证是否正确安装及配置：如图 0-7 所示，单击 Windows 的"开始"按钮→选择"运行"菜单，在运行对话框中输入"cmd"，如图 0-8 所示，单击"确定"按钮。

图 0-7　Windows 开始菜单　　　　　　　　图 0-8　运行命令对话框

进入 DOS 操作窗口，在键盘上键入"javac"后，按回车键，运行结果如图 0-9 所示；在键盘上键入"java"后，按回车键，运行结果如图 0-10 所示。此时，表示 JDK 安装和配置均正确，可以进行 Java 开发了。

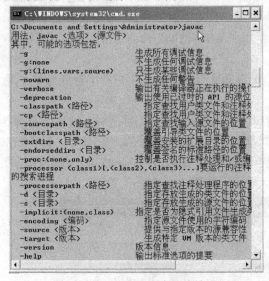

图 0-9　运行 javac 命令正确结果　　　　　　图 0-10　运行 java 命令正确结果

0.1.3　子任务 3　NetBeans IDE 的安装和配置

1. 安装 NetBeans IDE

安装 NetBeans IDE 前计算机系统中需先安装有 JDK，如果没有安装 JDK，系统会提醒用户并退出。操作步骤如下：

第1步：双击 NetBeans IDE 安装文件 NetBeans IDE-6.9-ml-windows.exe，进行安装，如图 0-11 所示，单击"下一步"按钮，再单击"我接受许可证协议中的条款"，当出现打勾之后单击"下一步"按钮。

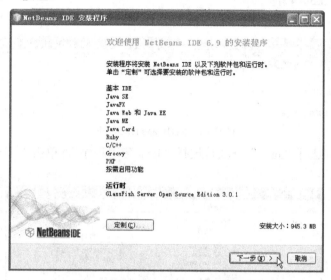

图 0-11　NetBeans IDE 开始安装界面

第2步：可以修改安装目录或按默认的目录安装 NetBeans IDE，如图 0-12 所示，单击"下一步"按钮；同样修改安装目录或按默认的目录安装 GlassFish，单击"下一步"按钮。

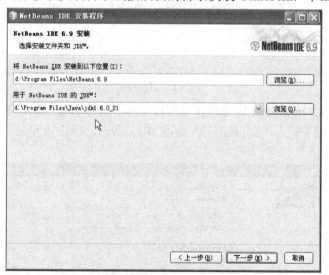

图 0-12　NetBeans IDE 安装目录

第3步：单击"安装"按钮，开始 NetBeans IDE 的安装。安装结束后，如果"安装 NetBeans IDE 后对其进行注册"选项的勾选去掉，就可以略去注册过程。单击"完成"按钮完成 NetBeans IDE 安装。

2. 配置 NetBeans IDE

NetBeans IDE 安装后，其运行环境已自动配置好，不必另行配置。

0.1.4　子任务4　编写及运行程序

1. 编写一个 Java 程序

第 1 步：运行 NetBeans IDE 界面，如图 0-13 所示，单击"文件"→选择"新建项目"。

图 0-13　NetBeans IDE 界面

第 2 步：类别选择"Java"→项目选择"Java 应用程序"，单击"下一步"按钮，如图 0-14 所示。

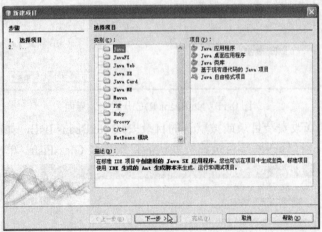

图 0-14　新建项目

第 3 步：进入"新建 Java 应用程序"窗口，在"名称和位置"中的"项目名称"输入"dsjava"创建主类"输入"SayHello"，如图 0-15 所示，单击"完成"按钮，自动生成源程序框架。

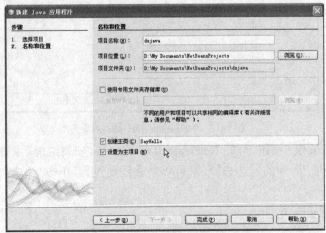

图 0-15　新建 Java 应用程序

第 4 步：如图 0-16 所示，只需输入"System.out.println("你好！");"。

```
10    public class SayHello {
11
12        /**
13         * @param args the command line arguments
14         */
15        public static void main(String[] args) {
16            // TODO code application logic here
17            System.out.println("你好！");
18        }
19
20    }
21
```

图 0-16　代码编写

第 5 步：编译与运行 Java 程序，方式如下：

(1) 运行项目。

➢ 按快捷键 F6。

➢ 单击工具栏上的"运行主项目"绿色三角形图标。

➢ 单击菜单栏"运行"→选择"运行项目"。

(2) 运行文件。

➢ 按快捷键 Shift+F6。

➢ 单击菜单栏"运行"→选择"运行文件"。

如果程序正确，则可得到图 0-17 所示的结果，输出"你好!"。

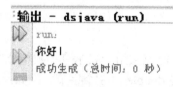

图 0-17　运行结果

DOS 环境下的 JDK 平台、NetBeans IDE 平台都同样可以实现 Java 程序的编写和运行。NetBeans IDE 是集成的开发环境，编辑、编译和运行集成一体，操作直观、方便、省时且效率高；JDK 编辑需用其他编辑软件在 DOS 环境下编译和运行，操作起来比较繁杂。

其他开发工具(如 Eclipse、MyEclipse、JBuilder 等)也是 Java 开发的优秀平台，都能实现程序开发，相当多的学习者和工作者都选择此方式进行项目开发。

因为基于 NetBeans IDE 平台的操作更为直观和方便，所以本教程使用 NetBeans IDE 平台。

0.2　任务二　编写程序的基础

从面向对象的角度来看，世界上的人或事都是一个个的具体对象。Java 是面向对象的程序设计语言，那么 Java 如何描述对象并通过程序来实现呢？

通过分析研究对象具有的共同行为、共同属性之后，将对象抽象为类，对象的行为就是类的方法，属性就是类的成员。

开发或编写 Java 程序的一般方法和步骤如下：

(1) 在问题分析后构建类(可以选择继承系统或自己开发的类)。

(2) 由类创建对象。

(3) 调用对象中的方法。

方法有行为，即可以实现一定功能，而类的成员在创建对象后就成为对象的属性，只能由方法根据需要进行设置(setter)或取出(getter)，也就是读/写操作。

本任务主要学习数据类型、包、构建类、创建对象、封装、继承、接口和抽象等。

0.2.1 子任务 1 创建随机数

在数据结构与算法的实现过程中经常要遇到创建随机数。本子任务主要学习其最基本的知识和操作：数据类型、包、构建类、创建对象、调用方法。

1. 数据类型

Java 需先声明数据成员或变量的数据类型后才能使用，有以下两种方式可供选择：

➢ 声明并赋初值。

格式：数据类型 数据成员名(变量名) = 初值;

使用：数据成员名(变量名) = 值;

➢ 只声明未赋值。

格式：数据类型 数据成员名(变量名);

使用：数据成员名(变量名) = 值;

下面简要介绍几种常用的数据类型。

(1) 整型数(int)：整型数表示没有小数的数值，允许是负数，占 4 个字节。例如：

int i;

(2) 浮点数(float 或 double)：浮点数用于表示有小数部分的数值。java 提供两种浮点数：单精度 float 占 4 个字节，双精度 double 占 8 个字节。例如：

float weight;

或   double calculator;

(3) 字符串类型(String)：Java 程序中的多个字符串连在一起(如"abc123")，字符串是一个类，属于引用数据类型。例如：

String str = "abc";

(4) 字符类型(char)：用 UTF-16 编码描述的一个代码单元。只有当确实有必要在程序中对 UTF-16 代码单元进行操作时才可以使用 char 类型。例如：

char x='X';

char data[] = {'a', 'b', 'c'};   //字符数组

(5) 布尔类型(boolean)：boolean 只有两个值   false 和 true，用来判断逻辑条件，而且这两个值不能与整型数值进行转换。例如：

boolean flag = "true";

2. 包

包(package)其实就是 Windows 中的文件夹。

为了更好地组织类，Java 提供了包机制。包是类的容器，用于分隔类名空间。Java 有一个默认的无名包，在 NetBeans 中显示为<缺省包>，就是源程序 src 文件夹。

编写 Java 程序时可以使用 package 指明源文件中的类属于哪个具体的包。包中一般包含相关的类。例如，本教程各学习情境各建一个包(文件夹)，以便管理程序代码文件。如图 0-18 所示，在项目中选择"源包"并右击，选择"新建"，再选择"Java 包"，在弹出对话框中的"包名"编辑框中输入"ch0ProgramBase"，点击"确定"按钮，完成建包。

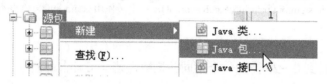

图 0-18　新建 Java 包

3. 构建类和创建对象

在本教程中经常会用到随机数，所以下面介绍产生随机数的最简单方法。选择刚建好的包 ch0ProgramBase，右击选择"新建"并选择"Java 类"，类名为 RandomNumber，点击"确定"按钮生成一个 RandomNumber 类，该类的文件是 RandomNumber.java，在项目 src\ch0ProgramBase 文件夹中，如图 0-19 所示。

图 0-19　RandomNumber.java 文件及位置

(1) 在 RandomNumber.java 中创建一个产生随机整数的类 createRandom。

① 声明一个整型私有成员 random。

　　　private int random;

② 创建一个产生随机数的方法 getRandom()，该方法中调用 Java 的 Math 类产生随机数方法 Math.random()，将产生一个小于 1 的 double 类型的随机数，所以乘以 n 再转化为整型，将得到 0~n 范围内的整数。

(2) 在主方法 main()中创建 createRandom 类的对象。

假设命名为 cr，调用对象 cr 的方法就可以得到随机数。完整的程序代码如下：

```
package ch0ProgramBase;                  //包声明

class createRandom {

    private int random;                  //声明私有整型成员 random

    public int getRandom() {             //产生随机方法
        random = (int) (Math.random() * 20);    //产生随机数
        return random;                   //返回随机数
    }
```

```
        }

    public class RandomNumber {

        public static void main(String[] args) {
            createRandom cr = new createRandom();    //创建对象
            System.out.println(cr.getRandom());        //使用 Random()方法获得对象中的数据并输出
        }
    }
```

每次运行将得到 0～20 内的一个不同随机数，请学习者自行验证。

0.2.2 子任务 2 封装与修饰符

1．封装

封装(encapsulation)是指隐藏对象的属性和实现细节，仅对外公开接口，并控制在程序中属性的读/写和修改。目的是增强安全性和简化编程，使用者不必了解其具体的实现细节，而只是要通过方法(外部接口)，以特定的访问权限来使用类的成员。

2．可访问控制符

访问权限控制是通过可访问控制符来实现的。上例中，语句 private int random; 就是将 random 定义为私有成员，所以外部类不能通过 cr.random(对象.成员)来访问读或写该成员，只能通过 getRandom()来读取 random，因为 getRandom()方法是 public。学习者可以将 random 的可访问控制符 private(私有)改为 public(公有)，则可以直接用"对象.成员"来访问成员 random，但这会造成不安全，所以建议使用 private。可访问控制符以及访问权限如表 0-1 所示。

表 0-1 可访问控制符定义类的成员访问权限

可访问控制符	同一类	同一包	不同包的子类	所有类
public(公有)	√	√	√	√
protected(保护)	√	√	√	
缺省(没有可访问控制符)	√	√		
private(私有)	√			

3．创建 getter 和 setter

使用 private 来修饰成员，必然会产生访问的不便，所以 Java 提供了 getter()和 setter()两个可以自动产生的方法来读取和设置成员属性值。

例如，类 BiTreeNode.java 只要定义了三个 private 成员，如下所示：

```
package ch5Tree;
public class BiTreeNode {                //二叉树节点
    private String data;                 //二叉树节点的值
    private BiTreeNode lchild;           //二叉树的左孩子
    private BiTreeNode rchild;           //二叉树的右孩子

}
```

就可以在代码界面内右击(或从菜单栏)选择"重构"→"封装字段",这时弹出如图 0-20 所示界面。

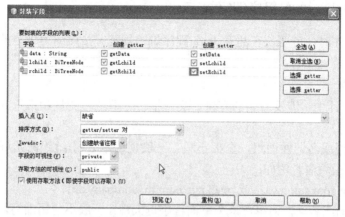

图 0-20   封装字段 getter 和 setter

单击打勾之后,单击"重构"按钮就可以完成三个 getter()和三个 setter()方法。

有多少成员(不论公有或私有),就有多少对应的 getter()和 setter(),可以全部打勾或根据需要打勾即可,非常快捷和方便。

一般成员定义为私有,利用 getter()和 setter()进行存或取。字段封装的 getter 和 setter 操作必须掌握。

4. Java 修饰符

修饰符是用于限定类型以及类型成员申明的一种符号,前面可访问控制符 public 和 private 就是两个修饰符。Java 修饰符见表 0-2。

表 0-2   Java 修饰符

序号	修饰符	是否可修饰(是√,否×)					备 注
		类	构造方法	方法	数据	代码块	
1	public	√	√	√	√	×	
2	protected	×	√	√	√	×	
3	无(缺省)	√	√	√	√	×	
4	private	×	√	√	√	×	
5	static	×	×	√	√	√	对该类的所有实例只能有一个域值存在;被绑定于类本身而不是类的对象(实例)
6	final	√	×	√	√	×	具有"最后——不可更改的"意义
7	abstract	√	×	√	×	×	抽象类不能被实例化,抽象方法不提供具体的实现
8	native	×	×	√	×	×	其他的高级语言书写程序的方法体
9	synchronized	×	×	√	×	√	如果一个线程需要同步,就使用该修饰符
10	stricfp	√	√	×	×	×	
11	transient	×	×	×	√	×	

本教程重点学习 public、private、static、abstract 四个修饰符的使用。

0.2.3　子任务3　Java 程序编写规范

开始编写程序时，就要认真注意 Java 程序编写规范。按照编写规范的要求，养成良好的编码习惯是非常重要的。

1. 命名惯例

Java 程序设计中，涉及命名的有包、类、接口、方法、变量和常量等。通常命名惯例如下：

(1) 包：名词或名词性词组，全部小写；一般使用本公司/组织网站域名的逆序，后跟具体的软件内部模块名。例如：

package com.sun.java;　或　package com.mycompany.db;

(2) 类：名词或名词性词组，每个单词首字母大写；一般不使用缩写，除非其缩写更通用和便于理解。例如：

public class SeqList

(3) 接口：同"类"的命名规则。例如：

public interface Queue

(4) 方法：动词或动词性词组，首字母小写，第二个及以后的单词首字母大写。例如：

initiate();　displayData();

(5) 变量：名词或名词性词组，首字母小写，第二个及以后的单词首字母大写；不提倡使用下画线"_"和美元符"$"作为变量开头；单词间可以使用下画线分隔；变量名不宜过长但也应有意义，除非是临时使用(例如只涉及几行代码)后即丢弃的情况，不建议使用单个字母做变量名，常用的临时使用的变量名包括表示整数的 i、j、k、m、n 和表示字母的 c 以及表示异常对象的 e 等。例如：

int age;　String studentName;　Exception e;

(6) 常量：名词或名词性词组，每个单词的首字母大写；单词间使用下画线来分隔。例如：

int MAX_VALUE; double　Comm_Tax;

2. 文件内部组织

(1) 建议一个源文件中只定义一个 Java 类或接口，无论该类或接口是否被声明为 public，文件名都以其来命名，源文件中各成分的出现顺序如下：

① 开始的注释。

② package 语句。

③ import 语句。

④ 类/接口声明。

(2) 在一个 Java 类中，各种成分的排列顺序本无严格规定，也没有特别通用的惯例，为便于掌握，给出一个推荐的顺序：

① 属性声明。

② 构造方法声明。

③ static 语句。

④ 普通方法声明。

⑤ main 方法声明。

⑥ 内部类的声明。

3．分隔和缩进

在 NetBeans 开发环境下，只要选择菜单"源"→"格式"，或同时按 Alt＋Shift＋F 组合键，就可按规范化格式自动排列好源代码，具体的要求不再详述。

4．声明语句

建议每行声明一个变量，并尽量在声明变量的同时对其进行初始化，除非其初值尚不确定。局部变量应在其所在的方法或语句块的开头集中声明，而不应随用随声明。

0.2.4　子任务 4　方法的重载和覆盖

1．方法重载

本节子任务 2 中的程序中已经可以产生随机数了，范围是 0～20。

如果要求产生其他范围的随机数，可以修改代码但这个方法当然不好，最好是编写一个能够让用户设置范围的方法。

如果还要求产生小数的随机数，那只能再编写新的方法。

可能还需要满足其他类似又不同的要求，就会有一系列的方法，这就涉及方法的取名。可以命名为：方法 1、方法 2……。

实际上，Java 提供一个更好办法，那就是方法重载。方法重载(overloading method)是让类以统一的方式处理不同类型数据的一种手段。Java 的方法重载，就是在类中可以创建多个方法：它们具有相同的方法名字，但具有不同的参数个数或参数个数相同但类型不同。

注意：方法的返回类型、修饰符可以相同，也可不同，所以不能用返回类型或修饰符来区别不同方法。

调用方法时通过传递给它们的不同个数或个数相同但类型不同的参数来决定具体使用哪个方法，这也是多态性的表现。

编写产生不同随机数要求的三个方法：无参产生小数随机数，一个参数产生该范围的整型随机数，两个起止参数产生起止范围的随机数。与 RandomNumber.java 不同，以下编码中，没有声明 random 成员，直接返回产生的随机数。RandomNumber3.java 完整的程序代码如下：

```java
package ch0ProgramBase;              //包声明

class Random3 {

    public double Random3() {        //产生小数随机方法
        return Math.random();        //返回随机数
    }

    public int Random3(int end) {    //产生 end 以内随机方法
```

```
                    return (int) (Math.random() * end);
                }

                public int Random3(int begin, int end) {        //产生 begin 至 end 随机方法
                    return (int) (begin + Math.random() * (end - begin));
                }
            }

        public class RandomNumber3 {

            public static void main(String[] args) {
                Random3 cr3 = new Random3();                //创建对象
                //调用 Random()方法获得随机数输出
                System.out.println("产生小数的随机数：" + cr3.Random3());
                System.out.println("产生 0-20 的随机数：" + cr3.Random3(20));
                System.out.println("产生 50-100 的随机数：" + cr3.Random3(50, 100));
            }
        }
```

2. 构造方法

构造方法与一般方法的区别如下：

(1) 构造方法的名字必须与所在的类名完全相同，没有返回类型，甚至连 void 也没有。

(2) 构造方法的调用是在创建一个对象时使用 new 操作自动进行的，一般不能显式调用。构造方法的任务是初始化对象。

(3) 除 public 和 protect 外，不能用 static、final、synchronized、abstract 和 native 等修饰符修饰。构造方法不能被子类继承。

(4) 构造方法可以被重载。没有参数的构造方法称为默认构造方法，可以根据需要构建带若干个参数的构造方法。

(5) 每个类可以有零个或多个构造方法。

与一般的方法一样，构造方法可以进行任何活动，但是经常将其设计为进行各种初始化活动(比如初始化对象)的属性。

构造方法是很常用的方法，后面会介绍 SingleLinkList 类及其他各种类的构造方法，此处不再赘述。

3. 方法覆盖

方法覆盖(overriding method)也称方法重写，用于子类和父类的场合。

Java 中，子类可继承父类中的方法，而不需要重新编写相同的方法。但有时子类并不想原封不动地继承父类的方法，而是想做一定的修改，这就需要采用方法的重写。若子类中的方法与父类中的某一方法具有相同的方法名、返回类型和参数表，则新方法将覆盖原有的方法。如需父类中原有的方法，可使用 super 关键字，该关键字引用了当前类的父类。

Java 系统中提供了 toString()方法将其他类型的数据转换为字符串，如果想改变转换后的格式，就可以覆盖该方法。如类 SeqStack.java 就覆盖了 Java 系统提供的 toString()方法，代码如下(注意此代码不能作为单独程序运行，而是要被其他调用才能起作用)：

```java
@Override
public String toString(){                    //返回栈中各数据的字符串
        String str = "[";
        if (this.top != -1) {
            str += this.value[this.top].toString();
        }
        for (int i = this.top - 1; i >= 0; i--) {
            str += ", " + this.value[i].toString();
        }
        return str + "] ";
}
```

下面即将开始学习继承、接口、抽象等概念，这些内容理论性较强，比较抽象，也比较难理解，但在面向对象的程序设计中占有非常重要的地位，应该认真理解、掌握。

学习这些知识时，首先尽量认知这些理论和概念，有一个基本的理性认识，在不完全理解和掌握的情况下应尽量多接触些程序，了解程序中用到的知识，而不必追究为什么和如何做；接下来试着修改、编写一些程序，然后回过头来学习理论和概念，再回到实践中应用。如此，经历反复多次才能理解、掌握和应用。

4. 继承

继承(inheritance)是使用已存在的类的定义作为基础建立新类的技术。定义新类时可以增加新的成员或新方法以实现新功能，也可以继承使用父类已存在的类的功能，但不能选择性地继承父类。

这种技术使复用以前的代码非常容易，能够大大缩短开发周期，降低开发费用。比如可以先定义一个类叫车，车有以下属性：车体大小、颜色、方向盘、轮胎，而又由车这个类派生出轿车和卡车两个类，为轿车添加一个小后备箱，而为卡车添加一个大货箱。

Java 不支持多重继承，单继承使 Java 的继承关系很简单，一个类只能有一个父类，易于管理程序；同时一个类可以实现多个接口，具有多继承的功能，从而克服单继承的缺点。

继承中包括如下概念：

(1) 一般类和特殊类。

在面向对象程序设计中运用继承原则，就是在每个由一般类和特殊类形成的一般-特殊结构中，把一般类的对象实例和所有特殊类的对象实例都共同具有的属性和操作一次性地在一般类中进行显式的定义，在特殊类中不再重复地定义一般类中已经定义的东西，但是在语义上，特殊类却自动地、隐含地拥有它的一般类(以及所有更上层的一般类)中定义的属性和操作。特殊类的对象拥有其一般类的全部或部分属性与方法，称做特殊类对一般类的继承。

(2) 基类与派生类。

继承所表达的就是一种对象类之间的相交关系，它使得某类对象可以继承另外一类对象的数据成员和成员方法。若类 B 继承类 A，则属于 B 的对象便具有类 A 的全部或部分性质(成员属性)和功能(方法)，我们称被继承的类 A 为基类、父类或超类，而称继承类 B 为 A 的派生类或子类。

继承避免了对一般类与特殊类之间共同特征进行的重复描述。同时，通过继承可以清晰地表达每一项共同特征所适应的概念范围——在一般类中定义的属性和操作适应于这个类本身以及它以下的每一层特殊类的全部对象。运用继承原则使得系统模型比较简练也比较清晰。

Java 继承具有如下特性：

(1) 继承关系是传递的。若类 C 继承类 B，类 B 继承类 A，则类 C 既有从类 B 那里继承下来的属性与方法，也有从类 A 那里继承下来的属性与方法，还可以有自己新定义的属性和方法。继承来的属性和方法尽管是隐式的，但仍是类 C 的属性和方法。继承是在一些比较一般的类的基础上构造、建立和扩充新类的最有效的手段。

(2) 继承简化了人们对事物的认识和描述，能清晰体现相关类间的层次结构关系。

(3) 继承提供了软件复用功能。若类 B 继承类 A，那么建立类 B 时只需要再描述与基类(类 A)不同的少量特征(数据成员和成员方法)即可。这种做法能减小代码和数据的冗余度，大大增加程序的重用性。

(4) 继承通过增强一致性来减少模块间的接口和界面，大大增加了程序的易维护性。

(5) 提供多重继承机制。从理论上说，一个类可以是多个一般类的特殊类，它可以从多个一般类中继承属性与方法，这便是多重继承。Java 出于安全性和可靠性的考虑，仅支持单重继承，而通过使用接口机制来实现多重继承。

5. 抽象(类)和接口

接口和抽象是 Java 语言中对于抽象类定义进行支持的两种机制，正是由于这两种机制的存在，才赋予了 Java 强大的面向对象能力。接口与抽象之间在对于抽象类定义的支持方面具有很大的相似性，甚至可以相互替换，当然两者之间还是有很大的区别的。

1) 抽象(类)

抽象(Abstraction)也称抽象类，是一种特殊的类。在构造这种类的时候，其中的方法可以实现，也可以没有实现(抽象)。

抽象是在决定如何实现对象之前，先考虑对象的意义和行为，使用抽象可以尽可能避免过早考虑一些细节，所以是简化复杂问题的途径。它可以为具体问题找到最恰当的类定义，并且可以在最恰当的继承级别解释问题。它可以忽略一个主题中与当前目标无关的那些方面，以便更充分地注意与当前目标有关的方面。

抽象并不解决全部问题，而只是选择其中的一部分，暂时不用部分细节。抽象类的引入是为了给实现其子类服务的，在抽象类中存在着一个或多个抽象方法，而子类在继承抽象类时就可以继承抽象类中的非抽象方法，而对于抽象类中的抽象方法，子类可以根据自己的需要去实现这个具体的、自己需要的抽象方法的内容。既然子类都会去实现自己需要的抽象方法，那么在父类中就只需要一个声明就够了。因为即使定义了父类中抽象方法的具体实现，仍然会被子类重写，所以父类就没有必要再去写具体的实现了。

抽象(类)的引入很大部分原因也是为接口做铺垫的。

抽象(类)可应用于图的处理，由于图的实现比较复杂，因此先要构造图的抽象类，详细内容可以先参阅 MapAbstract.java，但代码较长，此处不列出。

2) 接口

接口(interface)是一系列方法的声明，是一些方法声明(特征)的集合。一个接口只有方法的声明而没有方法的实现，因此这些方法可以在不同的地方被不同的类实现，而这些实现可以具有不同的行为(功能)。

(1) "接口"有两种含义。一是 Java 接口，它有特定的语法和结构；二是一个类所具有的方法的特征集合，是一种逻辑上的抽象。前者叫做"Java 接口"，后者叫做"接口"。

在 Java 语言规范中，一个方法的特征仅包括方法的名字、参数的数目和种类，而不包括方法的返回类型、参数的名字以及所抛出来的异常。

在 Java 编译器检查方法的重载时，会根据这些条件判断两个方法是否是重载方法。但在 Java 编译器检查方法的置换时，则会进一步检查两个方法(分为超类型和子类型)的返回类型和抛出的异常是否相同。

(2) 接口的特征如下：

① 接口继承和实现继承的规则不同，一个类只有一个直接父类，但可以实现多个接口。

② Java 接口本身没有任何实现，因为 Java 接口不涉及表象，而只描述 public 行为，所以 Java 接口比 Java 抽象类更抽象化。

③ Java 接口的方法只能是抽象的和公开的，Java 接口不能有构造器，Java 接口可以有公有 public、静态 static 和 final 属性。

④ 接口把方法的特征和方法的实现分割开来。这种分割体现在接口常常代表一个角色，它包装与该角色相关的操作和属性，而实现这个接口的类便是扮演这个角色的演员。一个角色由不同的演员来演，而不同的演员之间除了扮演一个共同的角色之外，并不要求其他的共同之处。

(3) 接口的作用如下：

如果两个类中有相似的功能，调用它们的类则动态决定一种实现，即提供一个抽象父类，子类分别实现父类所定义的方法。

但是，这样会出现以下问题：Java 是一种单继承的语言，一般情况下，某个具体类可能已经有了一个超类，解决办法是给它的父类加父类，或者给它父类的父类加父类，直到移动到类等级结构的最顶端。这样一来，对一个具体类的可插入性的设计，就变成了对整个等级结构中所有类的修改。

接口是可插入性的保证：在一个等级结构中的任何一个类都可以实现一个接口，这个接口会影响到此类的所有子类，但不会影响到此类的任何超类。此类将不得不实现这个接口所规定的方法，而其子类可以从此类自动继承这些方法，当然也可以选择置换掉所有的这些方法，或者其中的某一些方法，这时候，这些子类具有了可插入性(并且可以用这个接口类型装载，传递实现了其所有子类)。

所以应该关注的不是哪一个具体的类，而是这个类是否实现了程序需要的接口。

接口提供了关联以及方法调用上的可插入性，软件系统的规模越大，生命周期越长，接口使得软件系统的灵活性、可扩展性和可插入性方面得到保证。

在理想的情况下，一个具体的 Java 类应当只实现 Java 接口和抽象 Java 类中声明的方法，而不应当再编写其他方法。

(4) 接口的应用可体现为队列接口 Queue.java，代码如下：

```
public interface Queue<E>                    //队列接口
{

    boolean isEmpty();                       //判断队列是否为空，若空则返回 true

    boolean enQueue(E element);              //数据 element 入队，若操作成功则返回 true

    E deQueue();                             //出队，返回当前队头数据，若队列空则返回 null

    E getFront();                            //取队头数据值，未出队，若队列空则返回 null
}
```

0.3　任务三　构建简单操作菜单

在后面数据结构与算法的程序实现中，每个学习情境基本都要求有简单的操作菜单，所以本任务将介绍如何制作简单控制台的菜单。

制作控制台的菜单只需要掌握 Java 的输入/输出、程序控制和异常处理的知识就足够了。

教程中完整的程序源码，请先模仿练习(抄到计算机 NetBeans 中)来实现，再自己做出类似的或更好的程序。需要反复练习，直到能独立完成。

0.3.1　子任务 1　输入/输出

1. 输出信息

(1) Java 的信息输出方法前面已经提到了，就是用 System.out.println()方法自动将括号里的对象转化成 String 类型，也就是调用对象的 toString 方法，在()中可以使用连字号 "+" 连接除布尔型以外的各数据类型变量。

(2) System.out.println()输出后有换行；System.out.print()输出后不换行。

(3) Java 转义符。ASCII 中的控制字符及回车换行等字符都没有现成的文字符号，所以只能用转义字符来表示。所有的 ASCII 码都可以用 "\" 加数字(一般是十六进制数字)来表示。

Java 常用的转义符有：

\n 回车(\u000a)

\r 换行(\u000d)

\t 水平制表符(\u0009)

\' 单引号(\u0027)

\" 双引号(\u0022)

\\ 反斜杠(\u005c)

例：System.out.print("\n\n\n"); 会连换三行。

2．信息的输入

Java 中，java.util.Scanner 类用于扫描输入文本的程序。

使用该类创建一个对象 scan：

　　　Scanner scan = new Scanner(System.in);

然后对象 scan 调用下列方法，读取用户在命令行输入的各种数据类型：

next()：读取字符串。

nextInt()：读取整型数据。

nextFloat()：读取浮点型数据。

nextDouble()：读取双精度型数据。

nextLine()：读取一行数据。

next.Byte()：读取字节数据。

3．菜单程序

在包 ch0ProgramBase 中新建一个类，类名为 Menu0，使用输入/输出语句就可构造一个基本的菜单，Menu0.java 完整的程序代码如下：

```java
package ch0ProgramBase;

import java.util.Scanner;

public class Menu0 {

    public static void main(String[] args) {
        Scanner scan = new Scanner(System.in);
        int select;
        System.out.println("\n\t=========操作菜单=========");
        System.out.print("1. 初始化   ");
        System.out.print("2. 追加数据   ");
        System.out.print("3. 删除数据   ");
        System.out.print("4. 修改数据   ");
        System.out.print("0. 退出 \n");
        System.out.print(" 请输入您的选择项：");
        select = scan.nextInt();
        System.out.println(" 您刚刚选择的是：" + select);
    }
}
```

运行效果如下：

　　　=========操作菜单=========

1. 初始化   2. 追加数据   3. 删除数据   4. 修改数据   0. 退出

　　请输入您的选择项：2

　　您刚刚选择的是：2

0.3.2　子任务 2　程序控制

程序结构有三种基本组合：顺序结构、选择结构和循环结构。再复杂的程序也是由顺序、选择和循环三种基本程序结构通过组合、嵌套构成的。

1．循环结构

Java 有两类循环结构，一类是 for，另一类是 while，包括四种情况。

1) 传统 for 循环

传统 for 循环一般用于循环次数固定或循环次数可以确定的循环(当然 for 循环也可以用于循环次数无法确定的循环)。

格式如下：

```
for (初始值; 循环条件; 迭代)
{
    循环体语句;
}
```

2) foreach 循环

foreach 语句是 java5 版本开始的特征之一，在遍历数组、集合方面，foreach 为开发人员提供了极大的方便。

foreach 语句是 for 语句的特殊简化版本，但是 foreach 语句并不能完全取代 for 语句，然而，任何的 foreach 语句都可以改写为 for 语句版本。

foreach 并不是一个关键字，习惯上将这种特殊的 for 语句格式称之为 "foreach" 语句。从英文字面意思理解 foreach 也就是 "for 每一个" 的意思。格式如下：

```
for(元素类型 t 元素变量 x：遍历对象 obj)
{
    引用了 x 的 java 语句;
}
```

前面产生随机数的程序每次运行都只能得到一个随机数，有了 for 循环，结合输入就可以由用户指定产生的个数了。

在包 ch0ProgramBase 中新建一个类，类名 Randomfor，使用 for 和输入语句就可构造一个由使用者输入个数的随机数产生程序，Randomfor.java 完整的程序代码如下：

```java
package ch0ProgramBase;//包声明

import java.util.Scanner;

class Random {

    public int Random(int begin, int end) {//产生 begin 至 end 随机方法
        return (int) (begin + Math.random() * (end - begin));
    }

}
```

```java
public class Randomfor {

    public static void main(String[] args) {
        Random cr = new Random(); //创建对象
        Scanner scan = new Scanner(System.in);
        int number, start, end;
        System.out.print("请输入您想产生随机数的个数：");
        number = scan.nextInt();
        System.out.print("请输入随机数的范围起点数：");
        start = scan.nextInt();
        System.out.print("请输入随机数的范围截止数：");
        end = scan.nextInt();
        System.out.println("按您的要求产生的随机数如下：");
        for (int i = 0; i < number; i++) {
            System.out.print("    " + cr.Random(start, end));
        }
    }
}
```

某次运行结果如下(输入不同，产生结果不同；输入相同，结果也不会完全相同)：

请输入您想产生随机数的个数：10

请输入随机数的范围起点数：20

请输入随机数的范围截止数：80

按您的要求产生的随机数如下：

　　32　46　79　29　21　55　58　30　72　33

3) while 循环

while 循环一般用于循环次数无法知道或无法确定，由用户决定是否继续循环工作，通过设置一定条件，如果条件满足就继续循环，如果条件不满足就结束循环(当然 while 循环也可以用于循环次数可以确定的循环)。

格式如下：

　　while(循环条件)

　　{

　　　　循环体语句;

　　}

4) do… while 循环

do… while 循环与 while 循环的最大差别是：do… while 循环的循环体至少执行一次，而 while 循环如果开始执行时条件不成立，则一次也不执行。

格式如下：

　　do{

　　　　循环体语句;

} while(循环条件);

特别注意：while(循环条件); 最后需要一个语句结束分号 ";"。

前面实现的菜单，每次运行都只能选择一次就结束，显然不适合使用，有了 while 循环，可以由用户随意操作 N 次，当输入 0 时结束程序运行。

在包 ch0ProgramBase 中新建一个类，类名为 Menu1while，增加 while 循环就可构造一个由使用者根据需要操作的较好菜单，Menu1while.java 完整的程序代码如下：

```java
package ch0ProgramBase;

import java.util.Scanner;

public class Menu1while {

    public static void main(String[] args) {
        Scanner scan = new Scanner(System.in);
        int select;
        do {
            System.out.println("\n\t==========操作菜单==========");
            System.out.print("1. 初始化   ");
            System.out.print("2. 追加数据   ");
            System.out.print("3. 删除数据   ");
            System.out.print("4. 修改数据   ");
            System.out.print("0. 退出 \n");
            System.out.print(" 请输入您的选择项： ");
            select = scan.nextInt();
            System.out.println(" 您刚刚选择的是： " + select);
        } while (select != 0);
    }
}
```

运行结果请读者自己运行查看。

2. 选择结构

选择结构有两类，一类是 if…else，另一类是 switch+case，共分三种情况。

1) if 结构

if 结构的作用是进行条件判断,让程序满足条件时执行某些语句,不满足条件则不执行。格式如下：

```
if(条件){
    语句块 1;
}
```

2) if…else 结构

if…else 结构是 java 中的条件分支语句，它能让程序根据条件满足与否选择在两个不同的路径中执行。

格式如下：

```
if(条件){
    语句块 1;
}else{
    语句块 2;
}
```

前面 Menu1while.java 程序可以反复运行，直至用户输入 0 退出操作，但程序的操作菜单只有 5 项，有效选择应该是 0～4，但如果用户输入其他的数字，程序没有提示输入错误，解决这个问题就需要条件判断了，有了 if 判断，修改 Menu1while 就可以满足该要求。

在包 ch0ProgramBase 中新建一个类，类名为 Menu2if，使用 if 和循环菜单就可构造一个判断使用者输入是否合法，Menu2if.java 完整的程序代码如下：

```
package ch0ProgramBase;

import java.util.Scanner;

public class Menu2if {

    public static void main(String[] args) {
        Scanner scan = new Scanner(System.in);
        int select;
        do {
            System.out.println("\n\t=========操作菜单==========");
            System.out.print("1. 初始化    ");
            System.out.print("2. 追加数据    ");
            System.out.print("3. 删除数据    ");
            System.out.print("4. 修改数据    ");
            System.out.print("0. 退出 \n");
            System.out.print(" 请输入您的选择项：");
            select = scan.nextInt();
            if (select >= 0 && select < 5) {
                System.out.println(" 您刚刚选择的是： " + select);
            } else {
                System.out.println("您刚刚选择的是： "+ select +"系统无此选项，请重新输入");
            }
        } while (select != 0);
    }
}
```

如果输入不在 0～4 之间，则运行结果如下：

```
==========操作菜单==========
```
   1. 初始化 2. 追加数据 3. 删除数据 4. 修改数据 0. 退出
   请输入您的选择项：1234
   您刚刚选择的是：1234 系统无此选项，请重新输入

3) switch 多分支结构

switch 结构是多路分支语句。它提供了一种简单的方法，使程序根据表达式的值来执行不同的程序部分，当然多路分支可用 if…else 多级结合来实现，但是 switch 比 if…else…if…else…是更好的选择。

格式如下：

```
switch   (expresson){
    case value1:
        语句 1;
        break;
    case value2:
        语句 2;
        break;
    …….
    case valueN:
        语句 N;
        break;
    default:
        // default 是除了上述选择以外的任何选择
        语句 1;
}
```

3. break 和 continue

break 语句用于终止最近的循环或它所在的 switch 语句，continue 语句将控制权传递给它所在的封闭循环语句的下一次循环。两者的差异如图 0-21 所示。具体来说：

(1) break 语句在循环和 switch 等具有选择特征的语句中使用，而且是终止最近的循环或分支的封闭代码块，其后的代码不再执行。如果多重循环时，它只终止自己所被包含的最近循环层。

(2) continue 语句与 break 语句的使用场合类似。continue 语句不可以在单独的 switch 语句中使用，但可以在一个循环内的 switch 语句中使用。含有 continue 的循环语句在遇到 continue 语句后，代码先不按照常规的从上往下的代码顺序执行，而是马上返回到循环入口转入下一次循环。

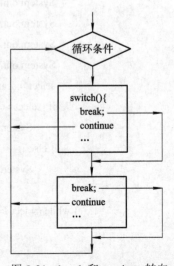

图 0-21 break 和 continue 转向

(3) break 语句和 continue 语句在循环内的 switch 语句中使用时，是有区别的。break 语句是跳出该 switch，switch 结构后的代码继续执行；而 continue 语句是不执行 switch 后的代码的，可以理解为跳出循环，接着进入下一次循环。

前面的 Menu2if.java 程序可以反复运行直至用户输入 0 退出操作，并且能判断是否是有效选择(应该是 0~4)，但如果用户输入正确选择，则程序无法按使用者的响应执行不同的分支操作，解决这个问题就需要多分支结构 switch。

有了 switch，在 Menu2if 基础上增加选择分支处理，并使用 continue 就可以满足该要求，但要注意先用 if 判断是否在 0~4 范围内，如果不是(注意 if 的条件与前面不同)就不执行 switch 分支判断，显示提示错误信息后直接转到循环开始位置再次显示菜单并接受输入。

在包 ch0ProgramBase 中新建一个类，类名为 Menu3switch，使用 switch 和 continue 修改前期菜单就可构造一个响应使用者输入的不同选择了，Menu3switch.java 完整的程序代码如下：

```java
package ch0ProgramBase;

import java.util.Scanner;

public class Menu3switch {

    public static void main(String[] args) {
        Scanner scan = new Scanner(System.in);
        int select;
        do {
            System.out.println("\n\t=========操作菜单==========");
            System.out.print("1. 初始化    ");
            System.out.print("2. 追加数据    ");
            System.out.print("3. 删除数据    ");
            System.out.print("4. 修改数据    ");
            System.out.print("0. 退出  \n");
            System.out.print(" 请输入您的选择项： ");
            select = scan.nextInt();
            if (select < 0 || select > 5) {
                System.out.println("您刚刚选择的是：" + select+"系统无此选项，请重新输入");
                continue;
            }
            switch (select) {
            case 1:
                System.out.print("您刚刚选择的是：1. 初始化");
                break;
```

```
                case 2:
                    System.out.print("您刚刚选择的是：2. 追加数据");
                    break;
                case 3:
                    System.out.print("您刚刚选择的是：3. 删除数据");
                    break;
                case 4:
                    System.out.print("您刚刚选择的是：4. 修改数据");
                    break;
            }
        } while (select != 0);
    }
}
```

运行结果如下：

```
==========操作菜单==========
1. 初始化   2. 追加数据   3. 删除数据   4. 修改数据   0. 退出
    请输入您的选择项：3
    您刚刚选择的是：3. 删除数据
==========操作菜单==========
1. 初始化   2. 追加数据   3. 删除数据   4. 修改数据   0. 退出
    请输入您的选择项：1234
    您刚刚选择的是：1234   系统无此选项，请重新输入
```

至此，一个能满足数据结构与算法操作的控制台菜单完成。

通过四个菜单不断递进，每次增加一点，对初学者而言应该不难。但编者在教学中，发现很多学生连这样的菜单都很难一次性做好，只能循序渐进地讲解。后来发现，这样讲解其实也是在讲解项目开发的业务分析技术，而且对后续程序编写还有帮助，正所谓"磨刀不误砍柴工"。

所以说，菜单是基础，只有做好了菜单，才能为后续的数据结构与算法操作实现打下坚实的基础。这点非常重要。

下面还要在"0.3.3　子任务3　异常处理"中贴一次该菜单代码完善版，这样共五次，希望学习者能至少做5~10遍，如果能在3~5五分钟内自己独立完成菜单程序，那一遍就可以了。

0.3.3　子任务3　异常处理

1. 异常现象

前面的 Menu3switch.java 程序似乎可以满足要求了，但看看下面的使用结果：

```
==========操作菜单==========
1. 初始化   2. 追加数据   3. 删除数据   4. 修改数据   0. 退出
```

请输入您的选择项：3w

```
Exception in thread "main" java.util.InputMismatchException
        at java.util.Scanner.throwFor(Scanner.java:840)
        at java.util.Scanner.next(Scanner.java:1461)
        at java.util.Scanner.nextInt(Scanner.java:2091)
        at java.util.Scanner.nextInt(Scanner.java:2050)
        at ch0ProgramBase.Menu3switch.main(Menu3switch.java:18)
```

Java Result: 1

2．异常处理

上述程序输入任何数字已经完全没有问题，但用户输入如果有字符，系统就严重出错了。这个问题应如何处理？

(1) 将 select 数据类型改为字符串型"String select;"，相应地将"select = scan.nextInt();"改为"select = scan.next();"最后还要将"case 1:"改为"case "1"："其他 case 语句类推。这个工作可由学习者自己完成。代码不再一一列出。

这种处理当然可以，因为经分析，问题出在"scan.nextInt();"，是要从键盘输入整数，可是操作中却输入了字符，当然出错。将 select 类型改为字符串型后，问题就可以解决了，但是如果 select 需要用整型，那又该怎么办？

(2) Java 为了防止程序运行出错，提供了一套异常处理机制，其格式如下：

```
try{
    //此处是要尝试运行的代码
}catch(Exception e){
    //此处是如果 try 部分的任何一句代码尝试失败后，则跳转到此模块执行代码
    //可以获取系统错误，系统错误信息就在 e.message 中，也可以自己写错误提示信息，
    //或者其他代码块
}finally{
    //无论尝试是否成功都会运行此部分代码，做一些清理工作。比如数据库连接打开了，
    //但读/写错误，在此写上关闭此连接
}
```

3．构建健壮菜单

在包 ch0ProgramBase 中新建一个类，类名为 Menu4trycatch，其中使用 try…catch 进行异常处理。通过这种方式完善 Menu3switch 菜单就可构造一个健壮的菜单程序 Menu4trycatch.java，其完整的程序代码如下：

```
package ch0ProgramBase;
import java.util.Scanner;
public class Menu4trycatch {
    public static void main(String[] args) {
        do
        {
```

```java
        try {
            System.out.println("\n\t=========操作菜单=========");
            System.out.print("1. 初始化   ");
            System.out.print("2. 追加数据   ");
            System.out.print("3. 删除数据   ");
            System.out.print("4. 修改数据   ");
            System.out.print("0. 退出 \n");
            System.out.print(" 请输入您的选择项：");
            Scanner scan = new Scanner(System.in);
            int select = scan.nextInt();
                if (select < 0 || select > 4) {
                System.out.println(" 您刚刚选择的是：" + select
                        + " 系统无此选项，请重新输入");
                continue;
            }
            switch (select) {
                case 1:
                    System.out.print("您刚刚选择的是：1. 初始化");
                    break;
                case 2:
                    System.out.print("您刚刚选择的是：2. 追加数据");
                    break;
                case 3:
                    System.out.print("您刚刚选择的是：3. 删除数据");
                    break;
                case 4:
                    System.out.print("您刚刚选择的是：4. 修改数据");
                    break;
                case 0:
                    System.out.println("\n 欢迎下次再使用！ ");
                    System.exit(0);
            }
        } catch (Exception e) {
            System.out.println("\n 您的输入有误，请输入数字！ ");
        }
    } while (true);
}
}
```

0.4　任务四　图形界面与事件处理

本任务通过 Java 编程来实现可视化图形界面的构建及组件的事件处理，并学习 swing 组件、AWT 事件处理、内部类的使用。

0.4.1　子任务 1　图形界面演示

1．图形界面演示系统

本任务的目标是实现如图 0-22 和图 0-23 所示的图形界面演示系统。

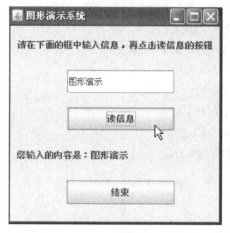

图 0-22　编辑框有内容

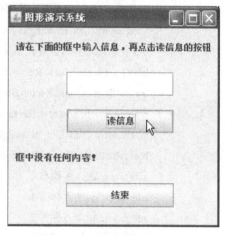

图 0-23　编辑框无内容

2．程序代码

也许学习者会认为编写出实现上述图形界面的代码需要花很多时间，其实不然，代码按规范排版也才 60 行。下面先给出完整代码：

```java
package ch0ProgramBase;

import java.awt.Rectangle;
import java.awt.event.ActionEvent;
import java.awt.event.ActionListener;
import javax.swing.JButton;
import javax.swing.JFrame;
import javax.swing.JLabel;
import javax.swing.JTextField;

public class FrameDemo extends JFrame {

    JLabel label1 = new JLabel();
```

```java
JTextField text = new JTextField();
JLabel label2 = new JLabel();
JButton btnread = new JButton("读信息");
JButton btnend = new JButton("结束");

FrameDemo() {
    setTitle("图形演示系统");
    setLocation(300, 200);      //窗体绝对定位
    setSize(300, 300);          //设置窗体大小
    setLayout(null);            //布局管理器为空，手动设置组件坐标和大小
    label1.setText("请在下面的框中输入信息，再点击读信息的按钮");
    //setBounds(new Rectangle(10, 10, 150, 32)功能是：
    //设置组件边界的位置大小(x 坐标，y 坐标，长度，高度);
    label1.setBounds(new Rectangle(10, 10, 280, 32));
    text.setBounds(new Rectangle(80, 60, 150, 32));
    btnread.setBounds(new Rectangle(80, 110, 150, 32));
    label2.setBounds(new Rectangle(10, 160, 280, 32));
    btnend.setBounds(new Rectangle(80, 210, 150, 32));
    add(text);//加入编辑框
    add(label1);//加入标签 1
    add(label2);//加入标签 2
    add(btnread);//加入按钮 1
    add(btnend);//加入按钮 2
    btnread.addActionListener(new ButtonActRead());      //加入按钮监听器
    btnend.addActionListener(new ButtonActEnd());
}

class ButtonActRead implements ActionListener {           //按钮事件处理

    public void actionPerformed(ActionEvent e) {
        if (text.getText().trim().equals("")) {
            label2.setText("框中没有任何内容！" + text.getText());
        } else {
            label2.setText("您输入的内容是：" + text.getText());
        }
    }
}
}
```

```java
class ButtonActEnd implements ActionListener {     //按钮事件处理

    public void actionPerformed(ActionEvent e) {
        System.exit(1);
    }

    public static void main(String[] a) {
        FrameDemo frame = new FrameDemo();   //创建窗体
        frame.setVisible(true);                      //设置窗体可见
        //设置窗口默认关闭
        frame.setDefaultCloseOperation(JFrame.EXIT_ON_CLOSE);
    }
}
```

0.4.2　子任务2　图形演示系统的构建过程

1. 创建组件

在包 ch0ProgramBase 中创建类，类名为 FrameDemo，使用 swing 创建以下组件：标签、编辑框和按钮。

(1) 创建标签。

标签需要两个：提示标签和显示信息标签。

```java
JLabel label1 = new JLabel();                //创建提示标签
```

在输入以上代码后，系统提示有错，这时只要将光标置于该行，同时按 Alt + Enter 组合键，则会提示："添加 javax.swing.Jlabel 的 import"等项，选择该项并回车，则系统会在程序前自动加入一行 import 代码：

```java
import javax.swing.JLabel;
```

故前面的程序中所有 import 行都不要输入，系统会自动导入。其他操作类似。

创建显示信息标签的方法如下：

```java
JLabel label2 = new JLabel();                //创建显示信息标签
```

(2) 创建编辑框。方法如下：

```java
JTextField text = new JTextField();              //创建编辑框
```

(3) 创建读按钮。方法如下：

```java
JButton btnread = new JButton("读信息");        //创建读信息按钮
JButton btnend = new JButton("结束");           //创建结束按钮
```

2. 编写构造方法

先创建构造方法：FrameDemo(){}，接着在方法体{}编写设置窗体属性的代码、设置组件边界的大小、将组件加入窗体、加入按钮监听器等，步骤如下：

(1) 设置窗体的属性：

```java
setTitle("图形演示系统");
```

```
        setLocation(300, 200);              //窗体绝对定位
        setSize(300, 300);                  //设置窗体大小
        setLayout(null);                    //布局管理器为空，手动设置组件坐标和大小
```

(2) 设置提示标签的提示信息：

```
        label1.setText("请在下面的框中输入信息，再点击读信息的按钮");
```

(3) 设置组件边界的位置大小(x 坐标，y 坐标，长度，高度)：

```
        label1.setBounds(new Rectangle(10, 10, 280, 32));
        text.setBounds(new Rectangle(80, 60, 150, 32));
        btnread.setBounds(new Rectangle(80, 110, 150, 32));
        label2.setBounds(new Rectangle(10, 160, 280, 32));
        btnend.setBounds(new Rectangle(80, 210, 150, 32));
```

(4) 将组件加入窗体：

```
        add(text);                          //加入编辑框
        add(label1);                        //加入标签 1
        add(label2);                        //加入标签 2
        add(btnread);                       //加入按钮 1
        add(btnend);                        //加入按钮 2
```

(5) 加入按钮监听器：

```
        btnread.addActionListener(new ButtonActRead());
        btnend.addActionListener(new ButtonActEnd());
```

0.4.3　子任务 3　按钮事件处理

在 FrameDemo 类中创建按钮事件处理类 ButtonActRead，该类可实现侦听 ActionListener 接口。首先输入以下代码：

```
        class ButtonActRead implements ActionListener{

        }
```

出现红色出错提示，这时只要将光标置于该行，同时按 Alt + Enter 组合键，则会提示："实现所有抽象方法"，按回车，则自动显示如下：

```
        class ButtonActRead implements ActionListener {

            @Override
            public void actionPerformed(ActionEvent e) {
                throw new UnsupportedOperationException("Not supported yet.");
            }
        }
```

在 actionPerformed 方法中输入按钮点击要完成的任务：从编辑框读出信息并写入标签，用 if...else 判断编辑框是否为空，分别处理即可。代码如下：

```
        if (text.getText().trim().equals("")) {
            label2.setText("框中没有任何内容！" + text.getText());
        } else {
            label2.setText("您输入的内容是：" + text.getText());
        }
```

"结束"按钮事件处理类似"读信息"按钮事件处理的操作，"结束"事件处理代码只需输入以下内容即可：

```
        System.exit(1);                              //退出程序
```

0.4.4　子任务 4　编写并运行主程序

首先构造主方法框架：

```
        public static void main(String[] a) {


        }
```

其次输入以下代码：

```
        FrameDemo frame = new FrameDemo();          //创建窗体
        frame.setVisible(true);                     //设置窗体可见
        //设置窗口默认关闭
        frame.setDefaultCloseOperation(JFrame.EXIT_ON_CLOSE);
```

最后运行程序，并调试到不出错误为止，就可以完成此任务。

0.5　任务五　文件读/写操作

0.5.1　子任务 1　创建目录和文件

1．创建目录和文件

利用 Java 的 File 类，可以在指定的磁盘上创建目录和文件。需要注意的是，Java 路径中的文件夹分割符与 DOS 和 Windows 的不同，使用"/"而不是"\"，如 D 盘的根目录文件夹用"D:/A"表示。

2．完整程序代码

创建目录和文件的代码如下：

```
        package ch0ProgramBase;

        import java.io.File;

        public class createDirFile {

            public static void main(String args[]) throws Exception {
```

```
        String[] paths = {"d:/A", "D:/B", "d:/C", "d:/D"};        //目录路径
        String[] names = {"a.txt", "b.txt", "c.txt", "d.txt"};    //文件名
        File[] files = new File[4];
        for (int i = 0; i < 4; i++) {
            files[i] = new File(paths[i], names[i]);              //创建对象
            files[i].getParentFile().mkdirs();                    //创建目录
            files[i].createNewFile();                             //创建文件
            System.out.println(files[i].getName());
        }
    }
}
```

0.5.2 子任务 2 读取文件内容

1. 读取文本文件内容

使用 Java 的 File 类可读取文本文件的内容。本任务采用按行方式进行读取，并采用分割方法 split()进行分割。

2. 完整程序代码

读取文本文件内容的代码如下：

```
package ch0ProgramBase;

import java.io.File;
import java.util.Arrays;
import java.util.Scanner;
public class readtxt {
    public static void main(String[] args) {
        readtxt rf = new readtxt();
        String ss[][] = rf.getArray("d:/graph/1.txt");        //文件路径
        for (int i = 0; i < ss.length; i++) {
            for (int j = 0; j < ss[i].length; j++) {
                System.out.print(ss[i][j] + "\t");
            }
            System.out.println("");
        }
    }

    public String[][] getArray(String path) {
        String[][] x =new String[20][20];
        try {
```

```
        Scanner sn = new Scanner(new File(path)).useDelimiter("\r\n");    //用换行进行过滤
        int i = 0;
        while (sn.hasNextLine()) {
            String[] ss = sn.next().split(",");
            System.out.println(Arrays.toString(ss));
            for (int j = 0; j < ss.length; j++) {
                x[i][j] = ss[j];
            }
            ++i;
        }
    } catch (Exception e) {
        e.printStackTrace();
    }
    return x;
    }
}
```

读/写文件时还有其他方法，以上仅给出一种方法，希望能抛砖引玉，学习者先模仿再学习其他方法。

注意：运行本程序需要预先在 D 盘根目录中建立文件夹 graph，并在该文件夹中建立文件 1.txt，文件参考内容如下(类似文件及内容在"学习情景 6"中会用到)：

A, B, C, D, E

0, 25, 4, 22, ∞

6, 0,16, ∞, 3

4, 7, 0, 18, 7

5, ∞, 3, 0, 9

∞, 3, 7, 9, 0

课后任务

1. 学习本任务的各知识点，模仿或按照教材中的程序代码构建程序。
2. 运行自己编写的程序，并进行测试，以帮助理解本学习情境的程序设计基础。
3. 对程序实现的不完善之处进行改进，或者写出更好的、创新的程序。

预习任务

请预习下一个学习情境：认识数据结构与算法。

学习情境 1   认识数据结构与算法

"数据结构(data structure)与算法(algorithm)"是计算机专业重要的专业基础课程,课程的学习直接关系到后续课程的学习和软件设计水平的提高。本学习情境介绍数据结构与算法课程的作用以及在计算机专业课程中的地位、有关的概念、术语、算法及其描述语言和算法分析方法。

1.1   任务一   初识数据结构和算法

数据结构是计算机存储、组织数据的方式。通常情况下,精心选择的数据结构可以带来更高的运行或者存储效率。数据结构往往同高效的检索算法和索引技术有关。

1.1.1   子任务 1   什么是数据结构和算法

1. 数据结构

数据结构是指相互之间存在一种或多种特定关系的数据元素的集合,这种关系称为结构,它可以是线性排列结构,也可以是树形结构,还可以是图形结构等。

从计算机学科角度看,数据结构是一门研究非数值计算的程序设计问题中计算机的操作对象(数据元素)以及它们之间的关系和运算等的学科。

本教程介绍线性表、栈和队列、串、树和二叉树、图等数据结构及基于数据结构之上的排序和查找算法等。

2. 算法

算法是一系列解决问题的清晰指令,算法代表着用系统的方法描述解决问题的策略机制。

算法能够对一定规范的输入,在有限时间内获得所要求的输出。解决相同问题可以有不同的算法,从而可能需要用不同的时间、空间来完成同样的任务。一个算法的优劣可以用空间复杂度与时间复杂度以及稳定性来衡量。

1.1.2   子任务 2   数据结构与算法的重要性

1. 数据的组织结构

(1) 数据的逻辑结构。一个数据结构是由数据元素依据某种逻辑联系组织起来的。对数据元素间逻辑关系的描述称为数据的逻辑结构。

(2) 数据的存储结构。数据必须在计算机内存储,数据的存储结构是数据结构的实现形式，是其在计算机内的表示。

2．数据结构与算法的关系

数据结构必须有在该类数据结构上执行的算法运算才有意义。

在许多类型的程序的设计中，数据结构的选择是一个基本的设计考虑因素。许多大型系统的构造经验表明，系统实现的困难程度和系统构造的质量都严重地依赖于是否选择了最优的数据结构。许多时候，确定了数据结构后，算法就容易得到了。有些时候事情也会反过来，我们根据特定算法来选择数据结构与之适应。不论哪种情况，选择合适的数据结构都是非常重要的。

选择了数据结构，算法也随之确定，数据结构是系统构造的关键因素，好的数据结构是算法的重要基础。这导致了许多种软件设计方法和程序设计语言的出现，面向对象的程序设计语言就是其中之一。

3．数据结构与算法是程序设计的基础

计算机信息的表示和组织直接关系到处理信息的程序的效率。随着计算机的普及，信息量的增加，信息范围的拓宽，使许多系统程序和应用程序的规模很大，结构又相当复杂。因此，为了编写出一个"好"的程序，必须分析待处理的对象的特征及各对象之间存在的关系，这就是数据结构与算法这门课程所要研究的问题。众所周知，计算机的程序往往要对信息进行加工处理。这些信息需要很好组织，使信息(数据)之间具有良好的结构关系，这就是数据结构的内容。数据的结构与算法直接影响着程序设计效率和质量。

1.1.3　子任务 3　数据结构与算法课程

1．数据结构课程及其历史

"数据结构"作为一门独立的课程在国外是从 1968 年才开始设立的。1968 年美国克努特教授开创了数据结构的最初体系，他所著的《计算机程序设计技巧》第一卷《基本算法》是第一本较系统地阐述数据的逻辑结构和存储结构及其操作的著作。

2．数据结构与算法课程的地位

数据结构与算法课程是计算机学科中一门综合性的专业基础课。它是介于数学、计算机硬件和计算机软件三者之间的一门核心课程，不仅是一般程序设计(特别是非数值性程序设计)的基础，而且是设计和实现编译程序、操作系统、数据库系统及其他系统程序的重要基础。

1.2　任务二　数据结构

1.2.1　子任务 1　数据的处理

1．计算机如何解决问题

计算机解决一个具体问题时，大致需要经过下列几个步骤：

(1) 从具体问题中抽象出一个适当的数学模型。

(2) 设计一个求解此数学模型的算法。

(3) 编出程序，进行测试、调整直至得到最终解答。

寻求数学模型的实质是分析问题，从中提取操作的数据对象，并找出这些操作对象之间含有的关系，然后用数学的语言加以描述。计算机算法与数据的结构密切相关，算法无不依附于具体的数据结构，数据结构直接关系到算法的选择和效率。运算由计算机来完成，这就要设计相应的插入、删除和修改的算法。也就是说，数据结构还需要给出每种结构类型所定义的各种运算的算法。

2. 数据相关术语

(1) 数据。数据是对客观事物的符号表示，在计算机科学中是指所有能输入到计算机中并由计算机程序处理的符号的总称。

(2) 数据元素。数据元素是数据的基本单位，在计算机程序中通常作为一个整体考虑。一个数据元素由若干个数据项组成。数据项是数据不可分割的最小单位。有两类数据元素：一类是不可分割的原子型数据元素，如整数"8"，字符"N"等；另一类是由多项构成的数据元素，其中每一项被称为一个数据项。例如描述一个学生的信息的数据元素可由下列 6 个数据项组成。其中的出生日期又可以由三个数据项："年"、"月"和"日"组成，则称"出生日期"为组合项，而其他不可分割的数据项为原子项。

(3) 关键字。关键字指的是能识别一个或多个数据元素的数据项。若能起唯一识别作用，则称之为主关键字，否则称之为次关键字。

(4) 数据对象。数据对象是性质相同的数据元素的集合，是数据的一个子集。数据对象可以是有限的，也可以是无限的。

(5) 数据处理。数据处理是指对数据进行查找、插入、删除、合并、排序、统计以及简单计算等操作的过程。

在早期，计算机主要用于科学和工程计算，进入 20 世纪 80 年代以后，计算机主要用于数据处理。据有关统计资料表明，现在计算机用于数据处理的时间比例超过 80%，随着时间的推移和计算机应用的进一步普及，计算机用于数据处理的时间比例必将进一步增大。

1.2.2　子任务 2　数据结构的分类

1. 数据的组织结构

数据的组织结构分别为逻辑结构、存储结构(物理结构)和数据的运算。数据的逻辑结构是对数据之间关系的描述，有时就把逻辑结构简称为数据结构。

2. 数据的逻辑结构

数据元素相互之间的逻辑关系称为逻辑结构。有四类基本逻辑结构：集合、线性结构、树形结构、图形结构(网状结构)。树形结构和图形结构全部称为非线性结构。

不同结构中数据之间的关系：

(1) 集合结构中的数据元素除了同属于一种类型外，别无其他关系。

(2) 线性结构中元素之间存在一对一关系。

(3) 树形结构中元素之间存在一对多关系。

(4) 图形结构中元素之间存在多对多关系。在图形结构中，每个节点的前驱节点数和后续节点数可以任意多个。

3. 数据的存储结构

数据结构在计算机中的表示(映像)称为数据的存储(物理)结构。它包括数据元素的表示和关系的表示。数据元素之间的关系有两种不同的表示方法：顺序映像和非顺序映像，并由此得到两种不同的存储结构：顺序存储结构和链式存储结构，与之对应，也有四种存储方法。

(1) 顺序存储方法：它是把逻辑上相邻的节点存储在物理位置相邻的存储单元里，节点间的逻辑关系由存储单元的邻接关系来体现，由此得到的存储表示称为顺序存储结构。顺序存储结构是一种最基本的存储表示方法，通常借助于程序设计语言中的数组来实现。

(2) 链接存储方法：它不要求逻辑上相邻的节点在物理位置上亦相邻，节点间的逻辑关系是由附加的引用(指针)表示的，由此得到的存储表示称为链式存储结构。链式存储结构通常借助于程序设计语言中的引用(指针)类型来实现。

(3) 索引存储方法：除建立存储节点信息外，还建立附加的索引表来标识节点的地址。

(4) 散列存储方法：就是根据节点的关键字直接计算出该节点的存储地址。

1.2.3　子任务 3　常用的数据结构

1. 数组(Array)

在程序设计中，为了处理方便，把具有相同类型的若干变量按有序的形式组织起来。这些按序排列的同类数据元素的集合称为数组。在 C 语言中，数组属于构造数据类型。一个数组可以分解为多个数组元素，这些数组元素可以是基本数据类型或是构造类型。因此按数组元素的类型不同，数组又可分为数值数组、字符数组、对象数组等各种类别。数组结构如图 1-1 所示。

图 1-1　数组结构

2. 栈(Stack)

栈是只能在某一端插入和删除数据的特殊线性表。它按照后进先出的原则存储数据，先进入的数据被压入栈底，最后进入的数据在栈顶。需要读数据的时候从栈顶开始弹出数据，最后一个数据被第一个读出来，即后进先出，如图 1-2 所示。具体请参阅学习情境 3。

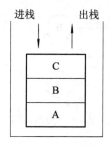

图 1-2　栈的结构

3. 队列(Queue)

队列是一种特殊的线性表，它只允许在表的前端(front)进行删除操作，而在表的后端(rear)进行插入操作。进行插入操作的端称为队尾，进行删除操作的端称为队头。队列中没有元素时，称为空队列。队列是一种先进先出的结构，其结构如图 1-3 所示。具体请参阅学习情境 3。

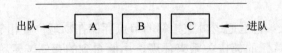

图 1-3　队列的结构

4. 链表(Linked List)

链表是一种物理存储单元上非连续、非顺序的存储结构，数据元素的逻辑顺序是通过链表中的引用(指针)链接次序实现的。链表由一系列节点(链表中每一个元素称为节点)组成，节点可以在运行时动态生成。每个节点包括两个部分：一个是存储数据元素的数据域，另一个是存储下一个节点地址的引用(指针)域，其结构如图 1-4 所示。具体请参阅学习情境 2。

图 1-4　链式结构

5. 树(Tree)

树是包含 $n(n>0)$ 个节点的有穷集合 K，且在 K 中定义了一个关系 N，N 满足以下条件：

(1) 有且仅有一个节点 K_0，它对于关系 N 来说没有前驱，称 K_0 为树的根节点，简称为根(root)。

(2) 除 K_0 外，K 中的每个节点，对于关系 N 来说有且仅有一个前驱。

(3) K 中各节点，对关系 N 来说可以有 m 个后继($m≥0$)。

树的结构如图 1-5 所示，具体请参阅学习情境 5。

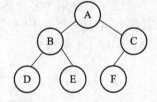

图 1-5　树的结构

6. 图(Graph)

图是由节点的有穷集合 V 和边的集合 E 组成的。其中，为了与树形结构加以区别，在图结构中常常将节点称为顶点，边是顶点的有序偶对，若两个顶点之间存在一条边，就表示这两个顶点具有相邻关系，其结构如图 1-6 所示。具体请参阅学习情境 6。

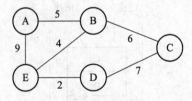

图 1-6　图的结构

7. 堆(Heap)

在计算机科学中，堆是一种特殊的树形数据结构，每个节点都有一个值。通常我们所说的堆的数据结构是指二叉堆。堆的特点是根节点的值最小(或最大)，且根节点的两个子树也是一个堆。具体请参阅学习情境 7 中的二叉排序树。

8. 散列表(Hash)

若结构中存在关键字和 K 相等的记录，则必定在 f(K)的存储位置上。由此，不需比较便可直接取得所查记录。这个对应关系 f 称为散列函数(Hash function)，按这个思想建立的表为散列表。具体请参阅学习情境 8。

1.3　任务三　算法

1.3.1　子任务 1　认识算法

1. 算法的历史

"算法"即演算法，中文名称出自《周髀算经》，而英文名称 Algorithm 来自于 9 世纪波斯数学家 al-Khwarizmi，因为 al-Khwarizmi 在数学上提出了算法这个概念。"算法"原为"algorism"，意思是阿拉伯数字的运算法则，在 18 世纪演变为"algorithm"。

欧几里得算法被人们认为是史上第一个算法。人类历史上第一次编写的程序是 Ada Byron 于 1842 年为巴贝奇分析机编写的求解伯努利方程的程序，因此 Ada Byron 被大多数人认为是世界上第一位程序员。因为查尔斯·巴贝奇(Charles Babbage)未能完成他的巴贝奇分析机，所以这个算法也未能在巴贝奇分析机上执行。

因为"well-defined procedure"缺少数学上精确的定义，故 19 世纪和 20 世纪早期的数学家、逻辑学家在定义算法上出现了困难。20 世纪的英国数学家图灵提出了著名的图灵论题，并提出一种假想的计算机的抽象模型，这个模型被称为图灵机。图灵机的出现解决了算法定义的难题，图灵的思想对算法的发展起到了重要作用。

2. 算法分类

1) 算法涉及范围

算法可包括：基本算法、数据结构的算法、数论与代数算法、计算几何的算法、图论的算法、动态规划以及数值分析、加密算法、排序算法、检索算法、随机化算法、并行算法。

2) 算法分类

(1) 有限的确定性算法：这类算法在有限的一段时间内终止。它们可能要花很长时间来执行指定的任务，但仍将在一定的时间内终止。这类算法得出的结果常取决于输入值。

(2) 有限的非确定算法：这类算法在有限的时间内终止。然而，对于一个(或一些)给定的数值，算法的结果并不是唯一的或确定的。

(3) 无限的算法：那些由于没有定义终止定义条件，或定义的条件无法由输入的数据满足而不能终止运行的算法。通常，无限算法的产生是由于未能确定的定义终止条件，本教程不讨论这类算法。

3. 经典算法与著作

经典的算法有很多，如欧几里德算法、割圆术、秦九韶算法。

　　有许多论述算法的书籍，其中最著名的便是高德纳(Donald E. Knuth)的《计算机程序设计艺术》(The Art Of Computer Programming)，科曼(Cormen T.H.)的《算法导论》(Introduction to Algorithms)。

1.3.2　子任务 2　算法的重要特征

　　算法可以使用自然语言(中文、英文或其他语言)、伪代码、流程图等多种不同的方法来描述。一个算法应该具有以下五个重要的特征。

　　(1) 有穷性：算法的有穷性是指算法必须能在执行有限个步骤之后终止。

　　(2) 确切性：算法的每一步骤必须有确切的定义。

　　(3) 输入：一个算法有 0 个或多个输入，以刻画运算对象的初始情况，所谓 0 个输入是指算法本身定出了初始条件。

　　(4) 输出：一个算法有一个或多个输出，以反映对输入数据加工后的结果。没有输出的算法是毫无意义的。

　　(5) 可行性：算法中执行的任何计算步骤都是可以被分解为基本的可执行的操作步骤，即每个计算步骤都可以在有限时间内完成。

　　计算机科学家尼克劳斯-沃思曾著过一本著名的《数据结构 + 算法 = 程序》，由此可见算法在计算机科学界与计算机应用界的地位。

1.3.3　子任务 3　算法分析

1. 算法的复杂度

　　同一问题可用不同的算法解决，而一个算法的复杂度将影响到算法乃至程序的效率。算法复杂度的分析目的在于选择合适算法和改进算法。

　　一个算法复杂度的评价主要从时间复杂度和空间复杂度来考虑。

2. 时间复杂度

　　算法的时间复杂度是指执行算法所需要的时间。一般来说，计算机算法的时间复杂度是问题规模 n 的函数 $f(n)$，通常记作：

$$T(n) = O(f(n))$$

　　$O(f(n))$ 给出了函数的复杂度的量级。

　　因此，随着问题的规模 n 的增加，算法执行的时间的增长率与 $f(n)$ 的增长率成正比，称做渐进时间复杂度(Asymptotic Time Complexity)。

3. 空间复杂度

　　算法的空间复杂度是指算法需要消耗的内存空间。

　　与时间复杂度类似，空间复杂度是指算法在计算机内执行时所需存储空间的度量，记作：

$$S(n) = O(f(n))$$

　　一般所讨论的空间复杂度是除正常占用内存开销外的辅助存储单元规模。与时间复杂度一样，一般都用复杂度的渐进性来表示。同时间复杂度相比，空间复杂度的分析要简单得多。

1.3.4 子任务 4 算法设计方法

算法设计有多种方法，本子任务简要介绍常见的算法。

1. 递推法

递推法是利用问题本身所具有的一种递推关系求解问题的一种方法。它把问题分成若干步，找出相邻几步的关系，从而达到目的，此方法称为递推法。

2. 递归

递归指的是一个过程：函数不断引用自身，直到引用的对象已知。

3. 穷举搜索法

穷举搜索法是对可能是解的众多候选解按某种顺序进行逐一枚举和检验，并从中找出符合要求的候选解作为问题的解。

4. 贪婪法

贪婪法是一种不追求最优解，只希望得到较为满意解的方法。贪婪法一般可以快速得到满意的解，因为它省去了为找最优解要穷尽所有可能而必须耗费的大量时间。贪婪法常以当前情况为基础作最优选择，而不考虑各种可能的整体情况，所以贪婪法不需回溯。

5. 分治法

分治法是把一个复杂的问题分成两个或更多的相同或相似的子问题，再把子问题分成更小的子问题……直到最后子问题可以简单地直接求解，原问题的解即子问题的解的合并。

6. 动态规划法

动态规划是一种在数学和计算机科学中使用的，用于求解包含重叠子问题的最优化问题的方法。其基本思想是，将原问题分解为相似的子问题，在求解的过程中通过子问题的解求出原问题的解。动态规划的思想是多种算法的基础，被广泛应用于计算机科学和工程领域。

7. 迭代法

迭代法是数值分析中通过从一个初始估计出发寻找一系列近似解来解决问题(一般是解方程或者方程组)的过程，为实现这一过程所使用的方法统称为迭代法。

1.3.5 子任务 5 递归算法及案例

1. 递归算法

递归(recursion)：用一个概念本身直接或间接地定义它自己。

递归是数学中一种重要的概念定义方式，递归算法是软件设计中求解递归问题的方法，在后续的结构定义和程序实现中有不少地方要用到递归算法，对这一方法应尽早领会和使用。

2. 案例 1 阶乘算法

阶乘函数 $f(n)=n!$

(1) 非递归算法程序。

由于 $n! = 1 \times 2 \times \cdots \times i \times \cdots \times (n-1) \times n$，因此程序实现可以使用一个变量 i 从 1 开始

连乘至 n 即可，算法较为简单，不具体描述，下面是阶乘非递归算法的完整程序代码：

```java
import java.util.Scanner;
//阶乘的非递归实现
public class Factorial {

    public static void main(String[] args) {
        Scanner scan = new Scanner(System.in);
        int product = 1;
        System.out.print("\n 阶乘非递归实现\n    请输入 N=");
        int number = scan.nextInt();
        for (int i = 2; i <= number; i++) {
            product = product * i;
        }
        System.out.println(number + "! = " + product);
    }

}
```

(2) 递归算法程序。

由于 n 阶乘也可以表示为

$$n! = 1 \times 2 \times \cdots \times i \times \cdots \times (n-1) \times n = ((n-1)!) \times n = n \times (n-1)!$$

而 $(n-1)!$ 与 $n!$ 类似，但规模小些，因此可以把 $n!$ 分解为 n 和一个相同结构的子模型 $(n-1)!$，可以以此类推，最后 $1!=1$，这一思想就是递归算法。

按照递归定义将问题简单化为已知值，逐步递推直到获得一个确定值。设 f(n)=n!，递归通式是 f(n)=n*f(n−1)，将 f(n) 递推到 f(n−1)，算法不变，最终递推到 f(1)=1 获得确定值，递归结束。

阶乘递归算法的完整程序代码如下：

```java
import java.util.Scanner;
//阶乘的递归实现
public class FactorialRecursion {

    public static int Factorial(int number) {
        if (number <= 1) {
            return 1;
        } else {
            return number * Factorial(number - 1);
        }
    }

    public static void main(String[] args) {
        System.out.print("\n 阶乘递归实现\n    请输入 N=");
```

```
Scanner scan = new Scanner(System.in);
int number = scan.nextInt();
System.out.println(Factorial(number));
    }
  }
```

运行结果如下：

阶乘递归实现

　请输入 N=6

720

3. 递归条件

递归定义必须满足以下两个条件：

(1) 至少有一条初始定义是非递归的，如 1！=1。

(2) 由已知函数值逐步递推计算出未知函数值，如用(n-1)!定义 n!。

递归定义也用于定义数据结构。

阶乘算法有两种算法，当然还有其他算法，仅从阶乘的非递归算法程序和递归算法程序来看，似乎非递归算法程序稍为简单一点，但有的问题使用递归算法非常方便。

4. 汉诺塔及程序实现

汉诺塔(Hanoi)问题是源于印度一个古老传说：在印度被称为世界中心的贝拿勒斯(在印度北部)的圣庙里，一块黄铜板上插着三根宝石针。印度教的主神梵天在创造世界的时候，在其中一根针上从下到上叠放由大到小的 64 片金片，这就是所谓的汉诺塔。不论白天黑夜，总有一个僧侣在按照下面的法则移动这些金片：一次只移动一片，不管在哪根针上，小片必须在大片上面。僧侣们预言，当所有的金片都从梵天的原始那根针上移到另外一根针上时，世界就将在一声霹雳中消亡，而梵塔、庙宇和众生也都将同归于尽。

汉诺塔(Hanoi)模型如图 1-7 所示，移动规则是：① 在三根柱子之间一次只能移动一个圆盘；② 大圆盘不能压放在小圆盘上。目标是将所有圆盘从 X 柱移到 Z 柱。

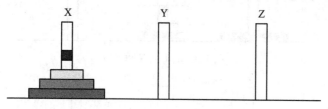

图 1-7　汉诺塔初始状态

(1) 汉诺塔问题分析。

如果考虑把 64 片金片由一根针上移到另一根针上，并且始终保持上小下大的顺序，这需要多少次移动呢？

假设有 n 片，且移动次数是 f(n)，这里移动次数取最小值，也就是不做无用的移动。

只有一片，直接移到目标柱，显然 f(1)=1；

有两片，很容易移动并算出 f(2)=3；

有三片，也不难算法 f(3)=7；

有四片、五片，似乎有点乱了……

注意到 $f(1)=1=2^1-1$，$f(2)=3=2^2-1$，$f(3)=7=2^3-1$……

这个猜想是否正确呢？

如果有四片，可以看成最底下的一片加最上面三片，考虑移动：

① 将最上面的三片从 X 移到 Y 柱，次数为 $f(3)=7$；

② 将最下面一片从 X 移到 Z 柱，次数为 1；

③ 将 Y 柱中的三片从 Y 移到 Z 柱，次数为 $f(3)=7$，完成任务。

所以移动四片的次数：$f(4)=f(3)+1+f(3)=7+1+7=15=2^4-1$。

四片的算法可用于五片、六片……，所以 n 片移动次数：$f(n)=2^n-1$。

(2) 汉诺塔递归算法。

其实在计算移动次数时，已经使用了递归算法，从上述分析很容易得到汉诺塔递归算法。

将 n 片汉诺塔分成 n 和 n-1，如图 1-8 所示。

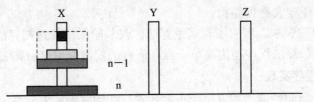

图 1-8　n 片汉诺塔分成 n 和 n-1

汉诺塔递归算法的中文描述如下：

如果只有 1 个盘，欲将 n 从 X 移到 Z，则：① n-1 从 X 移到 Y(Z 做中间柱)，如图 1-9 所示；② n 从 X 移到 Z(直接移动)，如图 1-10 所示；③ n-1 从 Y 移到 Z(X 做中间柱)，如图 1-11 所示。

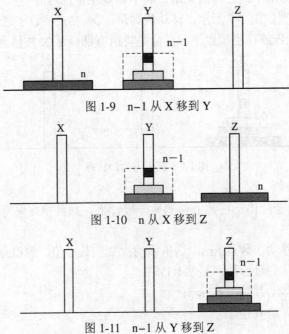

图 1-9　n-1 从 X 移到 Y

图 1-10　n 从 X 移到 Z

图 1-11　n-1 从 Y 移到 Z

将中文描述翻译成英语描述如下：

```
if   n=1    move(n,x,z)
    else
    han(n-1,x (z)to y)
    move(n,x,z)
    han(n-1,y (x)to z)
end
```

再用程序设计语言来表达，代码如下(C 语言和 Java 语言在此时算法正好一样)：

```
if (n==1{
    move(n,x,z);
}else {
    hanoi(n - 1, x, z, y);
    move(n, x, z);
    hanoi(n - 1, y, x, z);
}
```

算法清楚了，程序表达也完成了，最后还要在计算机上编写可运行代码，以查看和验证。

(3) 汉诺塔递归实现的完整代码如下：

```java
import java.util.Scanner;

public class hanoi {

    private static String x = "X 柱";
    private static String y = "Y 柱";
    private static String z = "Z 柱";
    private static int i = 1;

    public static void main(String[] args) {
        System.out.print("\n 汉诺塔递归实现\n   请输入盘子个数: n=");
        Scanner scan = new Scanner(System.in);
        int n = scan.nextInt();
        hanoi H = new hanoi();
        H.hanoi(n, x, y, z);
    }

    public static void hanoi(int n, String x, String y, String z) {
        if (n == 1) {
            move(n, x, z);
        } else {
```

```
                hanoi(n - 1, x, z, y);
                move(n, x, z);
                hanoi(n - 1, y, x, z);
            }
        }

        public static void move(int n, String x, String z) {
            System.out.println("第" + (i++)+"步  "  + n+ "盘"+ "从: " + x +" 移动到 " + z);
        }
    }
```

(4) 预言是否成真？

n 片移动次数：$f(n) = 2^n - 1$，那 64 片的移动次数为

$$f(64) = 2^{64} - 1 = 18\ 446\ 744\ 073\ 709\ 551\ 615(次)$$

这个数字有多大？

假设 1 秒钟搬动一片，而且每次搬动都正确，一年可以搬动的次数：

$$一年 = 365(天) \times 24(小时/天) \times 60(分钟/小时) \times 60(秒钟/分钟) \times 1(次/秒钟)$$
$$= 31\ 536\ 000\ (次)$$

搬完所需时间：

$$T = \frac{18\ 446\ 744\ 073\ 709\ 551\ 615}{31\ 536\ 000} = 584\ 942\ 417\ 355(年)$$

这表明移完这些金片需要 5845 亿年以上，而地球存在至今不过 45 亿年，太阳系的预期寿命据说也就是数百亿年。真的过了 5845 亿年，不说太阳系和银河系，至少地球上的一切生命，连同梵塔、庙宇等，应该已经灰飞烟灭了。

和汉诺塔故事相似的，还有另外一个印度传说：舍罕王打算奖赏国际象棋的发明人——宰相西萨·班·达依尔。国王问他想要什么，他对国王说："陛下，请您在这张棋盘的第 1 个小格里赏给我一粒麦子，在第 2 个小格里给 2 粒，第 3 个小格给 4 粒，以后每一小格都比前一小格加一倍。请您把这样摆满棋盘上所有 64 格的麦粒，都赏给您的仆人吧！"国王觉得这个要求太容易满足了，就命令给他这些麦粒。当人们把一袋一袋的麦子搬来开始计数时，国王才发现：就是把全印度甚至全世界的麦粒全拿来，也满足不了那位宰相的要求。

那么，宰相要求得到的麦粒到底有多少呢？总数为

$$1 + 2 + 2^2 + \cdots + 2^{63} = 2^{64} - 1$$

和移完汉诺塔的次数一样。我们已经知道这个数字有多么大了。估计全世界两千年也难以生产这么多麦子！

汉诺塔问题在数学界有很高的研究价值，而且至今还在被一些数学家们所研究，也是我们所喜欢玩的一种益智游戏，它可以帮助开发智力，激发我们的思维。

实现的程序代码运行后，如果输入 64，现在的电脑也无法运行到最后结果，因为时间太长。

课后任务

1. 复习本学习情境内容，练习阶乘的两种程序实现，模仿或按照教材中的程序代码构建汉诺塔程序实现。

2. 运行自己编写的程序，并进行测试，以理解本学习情境的数据结构和算法内容。

3. 对程序实现的不完善之处进行改进，或者写出更好的、创新的程序实现。

预习任务

请预习下一个学习情景：线性表。

学习情境 2　线　性　表

线性表是组成数据间具有线性关系的一种数据结构。对线性表的基本操作主要有初始化、插入、删除、查找、替换、显示等，这些操作可以在线性表中的任何位置进行。线性表可以采用顺序存储结构表示。

本学习情境的任务是学习线性表抽象数据类型，线性表的两种存储结构的操作算法及程序实现，比较这两种程序实现的特点，以及各种基本操作算法的效率。

2.1　任务一　认识线性表

2.1.1　子任务 1　初识线性表

1. 定义线性表(linear list)

线性表是许多实际应用领域中表结构的抽象形式，因此，线性表中数据在不同的场合可以有不同的含义。例如，在字母表(A，B，C，…，Z)中，每个数据是一个字母；在一个学生成绩中，每个数据是一个学生的成绩信息，其中可能包含学号、姓名、成绩等字段。但要注意，在同一个表中各数据的类型或数据结构是一致的。

线性表定义：由 $n(n \geqslant 0)$ 个类型相同的数据 a_0，a_1，…，a_{n-1} 组成的有限序列，记作：

　　　　LinearList=$(a_0$，a_1，…，$a_{n-1})$

本教程约定线性表中数据序号从 0 开始计数。

其中，数据 a_i 可以是数字、字符、也可以是其他对象。n 是线性表的数据个数，称为线性表长度。若 n=0，则 LinearList 为空表。若 n>0，则 a_0 没有前驱数据，a_{n-1} 没有后继数据，$a_i(0<i<n-1)$ 有且仅有一个直接前驱数据 a_{i-1} 和一个直接后继数据 a_{i+1}。

线性表的图形如图 2-1 所示。

图 2-1　线性表

2. 操作线性表

线性表结构是许多实际应用中所用到的表结构的抽象，因而对线性表的实际操作可以有很多种，例如，对我们所熟知的成绩表就有很多操作的要求。为便于教学和学习领会，只讨论常用基本操作。在此基础上，学习者可以举一反三地实现需要的操作。

线性表常用的基本操作有如下 8 个：

(1) 初始化线性表 initiate()：建立线性表的初始结构，即建空表。这也是各种数据结构都经常用到的操作。

(2) 显示线性表中数据 displayData()：显示线性表中全部数据，可以直接验证程序是否正确实现，是非常必要的操作。

(3) 求线性表数据个数 getSize()：得到线性表中的数据个数。

(4) 追加数据 add()：在线性表最后增加数据。

(5) 插入数据 insert()：在线性表的第 i 个数据位置上插入值为 x 的数据。显然，若表中的数据个数为 n，则插入序号 i 应满足 $0 \leqslant i \leqslant n-1$。

(6) 删除数据 delete(int i)：删除线性表中序号为 i 的数据。显然，待删除数据的序号应满足 $0 \leqslant i \leqslant n-1$。

(7) 查找数据 getData()：得到表中序号为 i 的数据并显示。

(8) 修改数据 updateData()：修改表中序号为 i 的数据。

虽然只给出了 8 个基本操作，但借助这些基本操作可以构造出其他更为复杂的操作。例如，如果要求删除线性表中值为 x 的数据，则可用上述操作中的两个操作来实现：先引用 list_locate 求出数据 x 的位置，再用 list_delete 来实现删除。尽管这一实现的时间性能不太好，但在讨论基本操作时，主要还是侧重于其逻辑上的实现，而不是具体程序上的实现。

2.1.2　子任务 2　认识线性表的存储结构

线性表的存储结构主要有两种，常用的有顺序存储结构和链式存储结构。

1. 顺序存储结构

线性表中的元素按照其逻辑次序依次存储到这一存储区中，方法是用一组连续的内存单元依次存放线性表的数据元素，元素在内存的物理存储次序与它们在线性表的逻辑次序相同，如图 2-2 所示。

逻辑次序	内存中连续单元
a_0	address(a_0)
a_1	address(a_0)+c
$\vdots$	$\vdots$
a_{i-1}	address(a_0)+(i−1)*c
a_i	address(a_0)+i*c
a_{i+1}	address(a_0)+(i+1)*c
$\vdots$	$\vdots$
a_{n-1}	address(a_0)+(i−1)*c

图 2-2　线性表顺序存储结构

2. 链式存储结构

用若干地址分散的存储单元存储数据元素，逻辑上相邻的数据元素在物理位置上不一定相邻，必须采用附加信息，如图 2-3 中的箭头表示元素之间的前后顺序关系。因此，对每个表元素，除了存储元素本身的值外，还带有一个指向其后继元素的地址(指针)，链式存储结构如图 2-3 所示。

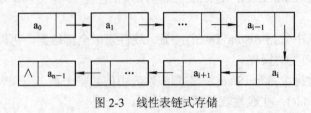

图 2-3　线性表链式存储

2.2　任务二　程序实现线性表的顺序存储结构及操作

2.2.1　子任务 1　认识线性表的顺序存储结构

1. 顺序存储结构特点

线性表的数据元素顺序存放在数组中，数据元素在数组中的物理顺序与线性表中元素的顺序关系完全相同。

2. 顺序存储结构的数据存储地址

如图 2-2 所示，线性表的顺序存储是用一组连续的内存单元依次存放线性表的数据元素，元素在内存中的物理存储次序与它们在线性表中的逻辑次序相同，即元素 a_i 与其连接前驱 a_{i-1} 及直接后续 a_{i+1} 的存储位置相邻。顺序存储的线性表也称为顺序表(sequential list)。

线性表的元素属于同一种数据类型，设每个元素占用 c 字节，a_0 的存储地址为 address(a_0)，则 a_i 的存储地址为 address(a_0) + i*c。

3. 顺序存储结构的时间复杂度

顺序表元素 a_i 的存储地址是它在线性表中位置 i 的线性函数，如图 2.2 所示，与线性表长度 n 无关，而计算一个元素地址所需时间是一个常量，与元素位置 i 无关。因此，存取任何一个元素的时间复杂度是 O(l)。换言之，顺序表是一种随机存取结构。

4. 数组

数组是顺序存储的随机存取结构，它占用一组连续的存储单元，通过下标 i 识别元素，元素地址是下标的线性函数。一个下标能够唯一确定一个元素，存取任何一个元素所花费的时间是 O(l)。所以线性表的存储结构通常采用数组存储数据元素。

5. 定义线性表顺序存储结构的类

```
public class SeqList {
        private int maxn = 100;        //线性表存储空间为 100 或根据需要而定
        private int n = -1;            //线性表个数，-1 表示未初始化
        private Object[] data;         //声明线性表数据类型，Object 可以存储任何类型
}
```

2.2.2　子任务 2　线性表顺序存储结构的操作算法

下面分析线性表顺序存储结构的操作算法。

1．初始化线性表 initiate()算法

在进行线性表的各种操作前必须先建立线性表的初始结构，对顺序存储结构而言，即建立一个具有一定大小的空表。用中文描述算法：

创建一个大小为 maxn 的数组；

线性表没有数据，即 n 为 0；

用程序设计语言描述算法：

```
data = new Object[maxn];
n = 0;
```

2．显示线性表中所有数据 displayData()算法

显示线性表中的全部数据，可用中文描述如下：

如果没有数据

提示"线性表中没有数据"；

否则

按顺序将所有数据输出；

前面约定用 n 表示线性表的个数，所以"没有数据"的条件就是 n<1；"按顺序将所有数据输出"，可以很容易想到用循环控制结构来实现。

用程序设计语言描述算法：

```
if (n < 1) {
    System.out.println("线性表中没有数据");
} else {
    for (int i = 1; i <= n; i++) {          //按顺序将所有数据输出
        System.out.print(data[i] + " ");
    }
}
```

3．求线性表数据个数 getSize()算法

线性表中的数据个数实际就是线性表的参数 n，可以直接得到，用中文描述算法：

返回线性表个数 n

用程序设计语言描述算法：

```
return n;
```

4．追加数据 add(Object obj)算法

在线性表后面增加数据，在 2.2.1 子任务 1 中定义线性表顺序存储结构的类时，n=-1 表示线性表未初始化，如果直接追回数据会造成异常，所以追加数据前先要判断线性表是否已经初始化。如果不断增加数据，达到线性表定义空间，这时就要扩展线性表空间，或者进行简单处理不让数据继续增加。用中文描述算法：

如果线性表未初始化

抛出未初始化异常信息

如果达到线性表定义大小

抛出线性表已满异常信息

　　　读入数据
　　　在线性表最后位置存入该数据
　　　线性表个数加 1
　用程序设计语言描述算法：

```
if (n == -1) {
    throw new Exception("尚未初始化，请选择 0 进行初始化！");
}
if (n == maxn) {
    throw new Exception("线性表已满，无法再插入");
}
System.out.print("请输入要加进的数据：   ");
Object obj = scan.next();
data[n + 1] = obj;          //在线性表最后位置存入读入的数据
n++;                        //每次执行完 add()之后记得将线性表长度加 1
```

5．插入数据 insert()算法

　　在线性表的第 i 个数据位置上插入值为 x 的数据。显然，若表中的数据个数为 n，则插入序号 i 应满足 $0 \le i \le n-1$，还要判断线性表是否已满；插入操作时，插入位置后面的所有数据要从后往前依次将数据后移一位，空出位置 i，将读入数据存入此位置，最后 n 加 1，如图 2-4 所示。

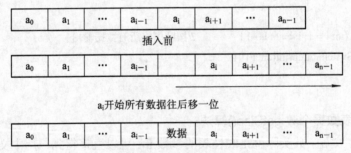

插入前

a_i开始所有数据往后移一位

在 i 位置存入插入数据

图 2-4　线性表顺序存储结构插入操作

　用中文描述算法：
　　　输入插入位置 i 的值
　　　如果 i 不满足 $0 \le i \le n-1$
　　　　　抛出位置错误信息
　　　如果达到线性表定义大小
　　　　　抛出线性表已满异常信息
　　　读入数据
　　　从 a_i 开始全部数据从后向前后移一位
　用程序设计语言描述算法：
　　　System.out.println("请输入要插入第几个数据的后面");

```
int i = scan.nextInt();
if (i < 0 || i > n) {
        throw new Exception("位置错误，请选择 1 查看数据以确定插入位置");
}
if (n == maxn) {
        throw new Exception("线性表已满，无法再插入");
}
System.out.println("请输入你要输入的数据");
Object obj = scan.next();
//插入位置开始的所有数据要从后往前依次将数据后移一位
for (int j = n; j > i; j--) {
        data[j + 1] = data[j];
}
data[i + 1] = obj;
n++;
```

6. 删除数据 delete(int i)算法

删除线性表中序号为 i 的数据，显然，待删除数据的序号应满足 0≤i≤n−1，顺序存储结构的线性表删除数据时，只要将此位置后面的数据依次向前移一位，覆盖前一位数据，最后将线性表的个数减 1 即可，如图 2-5 所示。

图 2-5　线性表顺序存储结构删除操作

用中文描述算法：

　　如果 i 不满足 0≤i≤n−1

　　　　抛出位置错误信息

暂存要删除的数据

　　i 位置后面的数据依次往前移一位

　　线性表个数减 1

　　返回删除的数据

用程序设计语言描述算法：

```
if ( i < 0 || i > n) {
        throw new Exception("位置错误，请选择 1 查看数据以确定删除位置");
}
```

```
        Object it = data[i];              //暂存要删除的数据
    //i 位置后面的数据依次向前移一位
        for ( int j = i; j < n; j++) {
            data[j] = data[j + 1];
        }
        n--;
        return it;                        //返回已删除的数据
```

7. 查找数据 getData()算法

得到表中序号为 i 的数据并显示，先判断序号 i 是否在线性表的有效范围内，如果是就直接获得该位置的数据并返回。用中文描述算法：

      如果 i 不满足 $0 \leqslant i \leqslant n-1$
          抛出位置错误信息
      返回序号 i 位置的数据

用程序设计语言描述算法：

```
        if (i < 0 || i > n) {
            throw new Exception("该位置无数据");
        }
        System.out.println("你要查找的数为：" + data[i]);
        return data[i];
```

8. 修改数据 updateData()算法

修改表中序号为 i 的数据，先判断序号 i 是否在线性表的有效范围内，如果是就将数组下标为 i 的数据置为输入数据。

用中文描述算法：

      读入修改序号 i
      如果 i 不满足 $0 \leqslant i \leqslant n-1$
          抛出位置错误信息
      读入新的数据
      将数组下标为 i 的数据置为输入数据

用程序设计语言描述算法：

```
        System.out.println("请输入你要修改的第几个数");
        int i = scan.nextInt();
        if (i <= 0 || i > n) {
            return;
        }
        System.out.println("请输入修改的数据为：");
        Object obj = scan.next();
        data[i] = obj;            //将数组下标为 i 的数据置为输入数据
```

2.2.3　子任务 3　程序实现线性表顺序存储结构的操作

考虑到不少程序初学者在学完《数据结构和算法》教程后却从未完成一个能够运行的程序，本学习任务将详细介绍该程序实现的全过程。对于初学者，务必按照本任务一步一步认真学习和操作，在进行任何一步时，有错误一定要查出来并改正，必须做到无错误才能进入下一步，只要掌握了本任务，后面的程序就可以轻松上手。

1. 构建主程序 SeqListMain.java

(1) 新建包 ch2List，在此包中新建主程序文件，文件名为 SeqListMain.java，开始创建线性表操作菜单，程序如下(调试通过后再进入下一步)：

```java
package ch2List;
import java.util.Scanner;
public class SeqListMain {
    public static void main(String[] args) {
        Scanner scan = new Scanner(System.in);
        int select;
        do {
            System.out.println("\n\n\t=========线性表操作菜单=========");
            System.out.print("1.初始化    ");
            System.out.print("2.显示线性表中数据    ");
            System.out.print("3.求线性表数据个数    ");
            System.out.print("4.追加数据    ");
            System.out.print("5.插入数据    ");
            System.out.print("6.删除数据    ");
            System.out.print("7.查找数据    ");
            System.out.print("8.修改数据    ");
            System.out.print("9. 退出  \n");
            System.out.print("  请输入您的选择项：");
            select = scan.nextInt();
        } while (true);
    }
}
```

运行程序，结果如下：

```
=========线性表操作菜单=========
1. 初始化   2. 显示线性表中数据   3. 求线性表数据个数   4. 追加数据   5. 插入数据
6. 删除数据   7. 查找数据   8. 修改数据   9. 退出
请输入您的选择项：
```

(2) 对菜单选择进行处理，根据用户键盘输入的选择值，即 select 值使用 switch 结构来构造响应用户选择的处理框架，程序如下：

```
switch (select) {
    case 1:
        break;
    case 2:
        break;
    case 3:
        break;
    case 4:
        break;
    case 5:
        break;
    case 6:
        break;
    case 7:
        break;
    case 8:
        break;
    case 9:
        System.out.print("正在退出菜单.....");
        System.exit(0);
        break;
```

运行程序，键盘输入 9，回车后，就可以退出系统。接下来只有先构建线性表顺序存储结构和算法程序 SeqList.java，才能继续响应其他选择。

注意：请转而阅读"2. 构建线性表顺序存储结构和算法程序 SeqList.java"的第三步，然后再返回此处进行第三步操作。

(3) 调用 initiate() 方法，先在

```
public static void main(String[] args) {
```

后面插入一行代码——创建 SeqList 类的对象 seqlist，代码如下，

```
SeqList seqlist = new SeqList();
```

接着在 case 1：调用 initiate() 方法，程序如下：

```
case 1:
    seqlist.initiate();
    break;
```

运行程序，通过键盘输入 1，得到如下结果，表示初始化方法编写成功：

==========线性表操作菜单==========

1. 初始化　2. 显示线性表中数据　3. 求线性表数据个数　4. 追加数据　5. 插入数据

6. 删除数据　7. 查找数据　8. 修改数据　9. 退出

请输入您的选择项：1

初始化成功。

注意：先转入"2. 构建线性表顺序存储结构和算法程序 SeqList.java"的第四步，然后再返回此处进行下面的操作。

(4) 在 case 2：中调用 displayData()方法，程序如下：

```
case 2:
    seqlist.displayData();
    break;
```

注意：调试通过后，转入"2. 构建线性表顺序存储结构和算法程序 SeqList.java"的第五步，然后再返回此处进行下面的步骤。

(5) 在 case 3：中调用 getSize()方法，得到线性表的个数 n，如果 n 为 0 则表明线性表没有数据，否则输出个数，程序如下：

```
case 3:
    if (seqlist.getSize() == 0) {
        System.out.println("线性表为空");
    } else {
        System.out.print("元素的个数为  ");
        System.out.print(seqlist.getSize());
    }
    break;
```

注意：调试通过后，转入"2. 构建线性表顺序存储结构和算法程序 SeqList.java"的第六步，然后再返回此处进行下面的步骤。

(6) 在 case 4：中调用 add()方法，因为 add()方法有抛出异常信息，所以在调用时要捕获异常并处理。因为 add()方法是抛出线性表未初始化或已满的信息，所以处理异常就会输出 add()方法异常抛出的信息(e.toString())，程序如下：

```
case 4:
    System.out.print("请输入要加进的数据：  ");
    Object obj = scan.next();
    try {
        seqlist.add(obj);
    } catch (Exception e) {
        System.out.print(e.toString());
    }
    break;
```

注意：调试通过后，转入"2. 构建线性表顺序存储结构和算法程序 SeqList.java"的第七步，然后再返回此处进行下面的步骤。

(7) 在 case 5：中调用方法并进行异常捕获和处理，程序如下：

```
case 5:
    try {
        seqlist.insert();
    } catch (Exception e) {
```

```
                System.out.print(e.toString());
            }
        break;
```

注意：调试通过后，转入"2. 构建线性表顺序存储结构和算法程序 SeqList.java"的第八步，然后再返回此处进行下面的步骤。

(8) 在 case 6：中调用 delete(i)方法，delete(i)方法以删除序号 i 作为参数传递来进行删除调用，事先需要使用者从键盘输入删除位置，程序如下：

```
        case 6:
            // 删除 i 位置的数据
            System.out.println("请输入你要删除第几个数：");
            int i = scan.nextInt();
            if ( seqlist.getSize() == 0 ) {
                System.out.print("顺序表已空无法删除！");
            }
            if ( i < 0 || i > seqlist.getSize()) {
                System.out.print("位置错误，请选择 1 察看数据以确定删除位置");
            }
            try {
                    seqlist.delete(i);
            } catch (Exception e) {
                    System.out.print(e.toString());
            }
        break;
```

注意：调试通过后，转入"2. 构建线性表顺序存储结构和算法程序 SeqList.java"的第九步，然后再返回此处进行下面的步骤。

(9) 在 case 7：中调用 getData()方法，程序如下：

```
        case 7:
            try {
                    seqlist.getData();
            } catch (Exception e) {
                    System.out.print(e.toString());
            }
        break;
```

注意：调试通过后，转入"2. 构建线性表顺序存储结构和算法程序 SeqList.java"的第十步，然后再返回此处进行下面的步骤。

(10) 在 case 8：中调用 updateData()方法，程序如下：

```
        case 8:
            int number = 0;
            int index = 0;
```

```
        seqlist.updateData();
        break;
```

至此，全部程序调试通过。

2．构建线性表顺序存储结构和算法程序 SeqList.java

(1) 在包 ch2List 中新建算法程序，文件名为 SeqList.java。

(2) 构建线性表顺序存储结构，程序代码如下：

```
package ch2List;
import java.util.Scanner;
public class SeqList {
    Scanner scan = new Scanner(System.in);
    private int maxn = 100;          //线性表存储空间为 100 或根据需要而定
    private int n = -1;              //线性表个数，-1 表示未初始化
    private Object[] data;           //声明线性表数据类型，Object 可以存储任何类型


}
```

(3) 创建初始化 initiate()方法，程序如下：

```
public void initiate() {     //初始化
    data = new Object[maxn];
    n = 0;
    System.out.println("初始化成功.");
}
```

转回"1. 构建主程序 SeqListMain.java"的第三步，调用该方法。

(4) 创建显示所有数据 displayData()方法，程序如下：

```
public void displayData() {
    if (n < 1) {
        System.out.println("线性表中没有数据");
    } else {
        for (int i = 1; i <= n; i++) {//按顺序将所有数据输出
            System.out.print(data[i] + " ");
        }
    }
}
```

转回"1. 构建主程序 SeqListMain.java"的第四步，调用该方法。

(5) 获得线性表数据个数 getSize()方法，程序如下：

```
public int getSize() {
    return n;
}
```

转回"1. 构建主程序 SeqListMain.java"的第五步，调用该方法。

(6) 追加数据 add()方法，要算法分析时，需要抛出异常信息，如线性表未初始化或已满等信息，所以在创建 add()方法时要用 throws Exception 抛出异常，从而让调用者捕获和处理。程序如下：

```
public void add(Object obj) throws Exception {
    if (n == -1) {   //未初始化，抛出异常信息
        throw new Exception("尚未初始化，请选择 0 进行初始化！");
    }
    if (n == maxn) {   //已满，抛出异常信息
        throw new Exception("线性表已满，无法再插入");
    }
    data[n + 1] = obj; //在线性表最后位置存入读入的数据
    n++; //每次执行完 add()之后记得将线性表长度加 1
}
```

转回"1. 构建主程序 SeqListMain.java"的第六步，调用该方法。

(7) 插入数据 insert()方法，与 add()方法相同，要用 throws Exception 抛出异常，从而让调用者捕获和处理。程序如下：

```
public void insert() throws Exception {
    System.out.println("请输入要插入第几个数据的后面");
    int i = scan.nextInt();
    if (i < 0 || i > n) {
        throw new Exception("位置错误，请选择 1 查看数据以确定插入位置");
    }
    if (n == maxn) {
        throw new Exception("线性表已满，无法再插入");
    }
    System.out.println("请输入你要输入的数据");
    Object obj = scan.next();
    //插入位置开始的所有数据要从后往前依次将数据后移一位
    for (int j = n; j > i; j--) {
        data[j + 1] = data[j];
    }
    data[i + 1] = obj;
    n++;
}
```

转回"1. 构建主程序 SeqListMain.java"的第七步，调用该方法。

(8) 删除数据 delete(int i)方法，用 throws Exception 抛出异常，从而让调用者捕获和处理。程序如下：

```
public Object delete(int i) throws Exception {
    Object it = data[i]; //获得要删除的数据
```

```
        if (i < 0 || i > n) {
            throw new Exception("位置错误，请选择 1 查看数据以确定删除位置");
        }
        //i 位置后面的数据依次往前移一位
        for (int j = i; j < n; j++) {
            data[j] = data[j + 1];
        }
        n--;
        return it;   //返回已删除的数据
    }
```

转回"1. 构建主程序 SeqListMain.java"的第八步，调用该方法。

(9) 查找数据 getData()方法，用 throws Exception 抛出异常，从而让调用者捕获和处理。程序如下：

```
    public Object getData() throws Exception {
        // 获取 i 位置的数据并返回
        System.out.println("请输入你要查找的第几个数");
        int i = scan.nextInt();
        if (i < 0 || i > n) {
            throw new Exception("该位置无数据");
        }
        System.out.println("你要查找的数为：" + data[i]);
        return data[i];
    }
```

转回"1. 构建主程序 SeqListMain.java"的第九步，调用该方法。

(10) 修改数据 updateData()方法，程序如下：

```
    public void updateData() {
        System.out.println("请输入你要修改的第几个数");
        int i = scan.nextInt();
        if (i <= 0 || i > n) {
            return;
        }
        System.out.println("请输入修改的数据为：");
        Object obj = scan.next();
        data[i] = obj;//将数组的下标为 i 的数据设置为输入数据
    }
```

转回"1. 构建主程序 SeqListMain.java"的第十步，调用该方法。

3. 完整源程序

(1) SeqListMain.java 程序。

```
package ch2List;

import java.util.Scanner;

public class SeqListMain {

    public static void main(String[] args) {
        SeqList seqlist = new SeqList();
        Scanner scan = new Scanner(System.in);
        int select;
        do {
            System.out.println("\n\n\t=========线性表操作菜单==========");
            System.out.print("1. 初始化   ");
            System.out.print("2. 显示线性表中数据   ");
            System.out.print("3. 求线性表数据个数   ");
            System.out.print("4. 追加数据   ");
            System.out.print("5. 插入数据   ");
            System.out.print("6. 删除数据   ");
            System.out.print("7. 查找数据   ");
            System.out.print("8. 修改数据   ");
            System.out.print("9. 退  出 \n");
            System.out.print(" 请输入您的选择项：");
            select = scan.nextInt();
            switch (select) {
                case 1:
                    seqlist.initiate();
                    break;
                case 2:
                    seqlist.displayData();
                    break;
                case 3:
                    if (seqlist.getSize() == 0) {
                        System.out.println("线性表为空");
                    } else {
                        System.out.print("数据的个数为 ");
                        System.out.print(seqlist.getSize());
                    }
                    break;
                case 4:
```

```
                System.out.print("请输入要加进的数据:   ");
                Object obj = scan.next();
                try {
                    seqlist.add(obj);
                } catch (Exception e) {
                    System.out.print(e.toString());
                }
                break;
        case 5:
                try {
                    seqlist.insert();
                } catch (Exception e) {
                    System.out.print(e.toString());
                }
                break;
        case 6:
                // 删除 i 位置的数据
                System.out.println("请输入你要删除第几个数: ");
                int i = scan.nextInt();
                if (seqlist.getSize() == 0) {
                    System.out.print("顺序表已空无法删除! ");
                }
                if (i < 0 || i > seqlist.getSize()) {
                    System.out.print("位置错误,请选择 1 查看数据以确定删除位置");
                }
                try {
                    seqlist.delete(i);
                } catch (Exception e) {
                    System.out.print(e.toString());
                }
                break;
        case 7:
                try {
                    seqlist.getData();
                } catch (Exception e) {
                    System.out.print(e.toString());
                }
                break;
        case 8:
```

```java
                                int number = 0;
                                int index = 0;
                                seqlist.updateData();
                                break;
                        case 9:
                                System.out.print("正在退出菜单.....");
                                System.exit(0);
                                break;
                }
        } while (true);
    }
}
```

(2) SeqList.java 程序。

```java
package ch2List;

import java.util.Scanner;

public class SeqList {

        Scanner scan = new Scanner(System.in);
        private int maxn = 100;               //线性表存储空间为 100 或根据需要而定
        private int n = -1;                   //线性表个数，-1 表示未初始化
        private Object[] data;                //声明线性表数据类型，Object 可以存储任何类型

        public void initiate() {              //初始化
            data = new Object[maxn];
            n = 0;
            System.out.println("初始化成功.");
        }

        public void displayData() {
            if (n < 1) {
                System.out.println("线性表中没有数据");
            } else {
                for (int i = 1; i <= n; i++) {      //按顺序将所有数据输出
                    System.out.print(data[i] + " ");
                }
            }
        }
```

```
public int getSize() {
    return n;
}


public void add(Object obj) throws Exception {
    if (n == -1) {                    //未初始化，抛出异常信息
        throw new Exception("尚未初始化，请选择 0 进行初始化！");
    }
    if (n == maxn) {                  //已满，抛出异常信息
        throw new Exception("线性表已满，无法再插入");
    }
    data[n + 1] = obj;                //在线性表最后位置存入读入的数据
    n++; //每次执行完 add()之后记得将线性表长度加 1
}


public void insert() throws Exception {
    System.out.println("请输入要插入第几个数据的后面");
    int i = scan.nextInt();
    if (i < 0 || i > n) {
        throw new Exception("位置错误，请选择 1 查看数据以确定插入位置");
    }
    if (n == maxn) {
        throw new Exception("线性表已满，无法再插入");
    }
    System.out.println("请输入你要输入的数据");
    Object obj = scan.next();
    //插入位置开始的所有数据要从后往前依次将数据后移一位
    for (int j = n; j > i; j--) {
        data[j + 1] = data[j];
    }
    data[i + 1] = obj;
    n++;
}


public Object delete(int i) throws Exception {
    if (i < 0 || i > n) {
        throw new Exception("位置错误，请选择 1 查看数据以确定删除位置");
    }
```

```
        Object it = data[i];              //暂存要删除的数据
        //i 位置后面的数据依次往前移一位
        for (int j = i; j < n; j++) {
            data[j] = data[j + 1];
        }
        n--;
        return it;                        //返回已删除的数据
    }


    public Object getData() throws Exception {
        // 获取 i 位置的数据并返回
        System.out.println("请输入你要查找的第几个数");
        int i = scan.nextInt();
        if (i < 0 || i > n) {
            throw new Exception("该位置无数据");
        }
        System.out.println("你要查找的数为：" + data[i]);
        return data[i];
    }


    public void updateData() {
        System.out.println("请输入你要修改的第几个数");
        int i = scan.nextInt();
        if (i <= 0 || i > n) {
            return;
        }
        System.out.println("请输入修改的数据为：");
        Object obj = scan.next();
        data[i] = obj;                    //将数组下标为 i 的数据设置为输入数据
    }
}
```

2.3　任务三　程序实现线性表的链式存储结构及操作

2.3.1　子任务 1　认识线性表的链式存储结构

1. 线性表的链式存储结构

线性表的链式存储有别于顺序存储，逻辑上相邻的数据在物理位置上不一定相邻，用地址分散的存储单元存储线性表的数据时，各存储单元之间必须采用附加信息表示数据之间的顺序关系。所以，对每个线性表数据，除了存储数据本身的值外，还带有一个指向其后继数据的地址，即每个数据采用图 2-6 所示的结构表示。

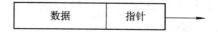

数据	指针

图 2-6　线性表链式存储结构

线性表数据具有两个域，一个数据域，一个指针域。其中，数据域用 data 表示存储数据的值；指针域一般用 Next 或 Link 存储后继数据的地址，也称为地址域或链。上述结构通常称为节点。

图 2-6 所示的节点只有一个指针，由一个指针的节点构成的线性表称单链表；还可以有两个或更多的指针，比如两个指针(一般称为左指针和右指针)的节点构成的线性表称为双链表，两个指针分别为前继节点和后继节点，如图 2-7 所示。

左指针	数据	右指针

图 2-7　线性表链式存储的双指针节点

双指针节点结构的线性表操作与单指针的链表操作相似，只要真正理解单链表的操作，双链表的操作就可以类似解决，所以本教程重点讲解单链表的操作。

2．定义线性表链式存储的节点

在 C 语言中，可以使用结构体和指针来定义链式存储结构的节点数据和指针；在 C++ 语言中，采用指针类型存储地址来实现链式存储结构。

Java 语言不支持指针类型，提供引用方式保存地址在内的结构化信息。引用是比指针更健壮、更安全的链接方式，它不仅实现了指针类型的所有功能，而且避免了因指针使用不当而产生的不安全性。因此，采用 Java 语言的引用类型可以更好地实现链式存储结构。

定义的程序实现如下：

```
public class SingleLinkList {
    private Object data;              //声明线性表数据类型，Object 可以存储任何类型
    private SingleLinkList next;      //声明链表引用(指针)
    private SingleLinkList front;     //定义线性表的头节点
}
```

2.3.2　子任务 2　线性表链式存储结构的操作算法

在分析线性表链式存储结构的操作算法之前，需要构造链表的节点，可以使用 Java 语言的构造方法来实现。为了方便起见，可以采用无数据参数构造方法和带数据参数构造方法，分别构造无数据节点和数据节点，程序实现如下：

```
public SingleLinkList() {//无参构造方法，构造无数据节点
    this.next = null;
}
public SingleLinkList(Object data) { //带数据参数构造方法，构造数据节点
```

```
            this.data = data;
            this.next = null;
        }
```

与顺序存储类似，下面分析线性表链式存储结构的操作算法。

1. 初始化线性表 initiate()算法

在进行线性各种操作前必须先建立线性表的初始结构，对链式存储的链表而言，将头节点的引用置为空(null)。用中文描述算法：

将头节点置空

用程序设计语言描述算法：

```
        this.front = null;              //将头节点置空
```

2. 显示线性表中所有数据 displayData()算法

显示线性表中全部数据，用中文描述：

如果没有数据

提示"线性表中没有数据"；

否则

按顺序将所有数据输出；

链表的"没有数据"的条件就是头节点引用为空(null)；"按顺序将所有数据输出"，可以利用节点的引用"顺藤摸瓜"，直到最后数据，用循环控制结构来实现。

用程序设计语言描述算法：

```
        if (front == null) {
            System.out.println("线性表中没有数据");
            return;
        }
        SingleLinkList current = front;          //当前节点，从头节点开始
        while (current != null) {                //当前节点非空，就输出数据
            System.out.print(current.data + " ");
            current = current.next;              //当前节点向后移，"顺藤摸瓜"
        }
```

3. 求线性表数据个数 getLength()算法

链式存储线性表中的数据个数，也需采用"顺藤摸瓜"方式，节点不断向后移，每移一次进行一次计数，用中文描述算法：

头节点的引用是空

返回 0

从头节点开始，直到节点引用为空

按节点引用往后移动节点，每移一次个数加 1

用程序设计语言描述算法：

```
        if (front == null) {
            return 0; //表为空，则返回 0
```

```
    }else{
        SingleLinkList current = front;          //从头节点开始
        int length = 1;                          //从头节点开始，length 的初值为 1
        while (current.next != null) {           //一直到找到最后一个数据为止
            current = current.next;              //逐个向后遍历
            length++;                            //每移动一次，将 length 的值递增一次
        }
        return length;                           //返回 length 的值，length 就是表中数据的个数
    }
}
```

4. 追加数据 add(Object data)算法

增加数据首先要创建数据节点(由构造方法完成，将新增数据存入新创建的节点数据域、引用置为空)，接着将链表的最后一个节点的引用指向新节点即可。用中文描述算法：

　　　创建新数据节点
　　　如果链表为空
　　　　　新数据节点作为头节点
　　　否则
　　　　　从头节点开始移到链表最后
　　　　　最后节点的引用指向新节点

用程序设计语言描述算法：

```
    SingleLinkList newNode = new SingleLinkList(data);   //创建新数据节点
    if (front == null) {                                 //表为空，新数据节点作为头节点
        front = newNode;
        newNode.next = null;
        return;
    } else {
        SingleLinkList current = front;                  //移动节点指向头节点
        while (current.next != null) {                   //节点引用非空，即还不到表最后
            current = current.next;                      //向后移动节点
        }
        current.next = newNode;                          //最后节点的引用指向新节点
    }
```

5. 插入数据 insert()算法

在链表的第 i 个数据位置上插入数据，首先找到插入点，可以从头节点开始，移动 i 次节点引用即可。在插入操作时，先将新节点的引用指向插入点后面的节点，再将插入点前的节点引用指向新节点。需要注意的是，这两个操作不能颠倒，否则会丢掉插入点的引用，使得新节点无法正确指向插入后的节点，如图 2-8 所示。

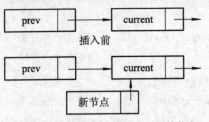

先将新节点的引用指向插入点后面的节点

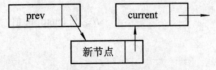

再将插入点前的节点引用指向新节点

图 2-8   链式存储线性表的插入操作

用中文描述算法:

    输入插入位置 i 的值

    如果 i 超过表的长度

        抛出位置错误信息

    否则

        移动节点到插入位置

        读入数据,构造新节点

        如果表为空

            新节点作为头节点

        否则

            先将新节点的引用指向插入点后面的节点

            再将插入点前的节点引用指向新插入的节点

用程序设计语言描述算法:

```java
System.out.print("请输入要插入第几个数据的后面: ");
int index = scan.nextInt();
if (index > getLength()) {
    System.out.println("输入的位置超过链表的长度! ");
} else {                    //prev 用于指向插入点之前的节点
    SingleLinkList prev = new SingleLinkList();
    //开始遍历时,当前节点 current 指向头节点
    SingleLinkList current = front;
    for (int i = 1; i <= index; i++) {
        //从第一个节点开始,向后移动 index 个位置
        prev = current;            //当前节点向后移动之前记为前一节点
        current = current.next;    //当前节点向后移
    }
```

```
        System.out.print("请输入要插入的数据：");
        data = scan.next();
        SingleLinkList newNode = new SingleLinkList(data);        //构造新节点
        if (front == null) {                //表为空，新数据节点作为头节点
            front = newNode;
            newNode.next = null;
            return;
        }
        newNode.next = current;        //先将新节点的引用指向插入点后面的节点，即 current
        prev.next = newNode;           //再将插入点前的节点引用指向新插入的节点
    }
```

6. 删除数据 delete(int index)算法

删除链表中第 index 位置的数据，只需将第 index 位置上一个节点的引用指向第 index 位置的下一个节点即可。Java 有自动垃圾回收机制，可以不必编写释放已删除节点的代码。如果需要显示被删除的数据值，只要取出该数据域的值即可。删除操作如图 2-9 所示。

删除前

输出删除节点的数据值 current.data

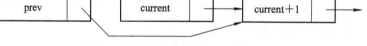

将上一个节点的引用指向下一个节点

图 2-9　链式存储线性表的删除操作

用中文描述算法：

　　如果删除头节点

　　　　将头节点的引用指向头节点下一节点

　　否则

　　　　移动节点到删除位置

　　　　输出删除节点的数据值

　　　　将第 i 位置上一个节点的引用指向第 i 位置的下一个节点

用程序设计语言描述算法：

```
    SingleLinkList prev = new SingleLinkList(); //前一节点
    SingleLinkList current = front;             //当前节点
    Object it = null;
    try {   //防止移动过程出现空指针的异常
        if (index == 1) {                        //如果是删除第一个，将头节点指向头节点的下一个
            front = front.next;
        }
```

```
            for (int i = 1; i < index; i++) {        //从第一个节点开始，向后移动 index 个位置
                prev = current;
                current = current.next;
            }
            //当前节点就是删除位置，其前一个节点指向当前节点的下一个节点
            it = current.data;                    //暂存要删除的数据
            prev.next = current.next;
            //Java 有自动垃圾回收机制，可以不必编写释放已删除节点的代码
        } catch (NullPointerException e) {
            System.out.println("index 超出了范围！");
            //return it;
        }
        return it;                }
```

7. 查找数据 getData(int index)算法

得到表中序号为 i 的数据并显示，先判断序号 i 是否在线性表的有效范围内，如果是就直接获得该位置的数据并返回。用中文描述算法：

> 如果 i 不满足 $0 \leqslant i \leqslant n-1$
>> 返回空值
>
> 否则
>> 节点引用向后移动 index 次
>> 返回该节点的数据

用程序设计语言描述算法：

```
SingleLinkList current = front; //从头节点开始
if (index <= 0 || index > getLength()) {    //数据超出范围
    return null;
} else {
    for (int i = 1; i < index; i++) {    //当前节点向后移动 index-1 个位置
        current = current.next;
    }
    return current.data;
}
```

8. 修改数据 updateData()算法

修改表中序号为 index 的数据，先判断序号 index 是否在线性表的有效范围内，再向后移 index 个节点，并用输入的数据覆盖当前节点的数据。

用中文描述算法：

> 读入修改序号 i
> 如果 i 不满足 $0 \leqslant i \leqslant n-1$
>> 抛出位置错误信息

否则

　　　读入新的数据

往后移 index 个节点

用输入的数据覆盖当前节点的数据

用程序设计语言描述算法：

```java
int index;
System.out.print("请输入要修改的位置：");
index = scan.nextInt();
SingleLinkList current = front;
if (index <= 0 || index > getLength()) {
    System.out.println("输入的长度超出了范围");
} else {
    System.out.print("请输入要修改的数据：");
    data = scan.next();
    for (int i = 1; i < index; i++) {        //当前节点向后移动 index-1 个位置
        current = current.next;
    }
    current.data = data;                     //用输入的数据覆盖当前节点的数据
    System.out.print("修改成功!! ");
}
```

2.3.3　子任务 3　程序实现线性表链式存储结构的操作

在 ch2List 包中创建两个 Java 文件：SingleLinkList.java 和 SingleLinkListMain.java，从本任务开始不再介绍构造的过程，可以参考 2.2.3 小节任务类似实现线性表链式存储结构的操作，完整的程序代码如下。

1. SingleLinkList.java 完整代码

```java
package ch2List;

import java.util.Scanner;

public class SingleLinkList {

    private Object data;                 //声明线性表数据类型，Object 可以存储任何类型
    private SingleLinkList next;          //声明链表引用(指针)
    private SingleLinkList front;         //定义线性表的头节点
    Scanner scan = new Scanner(System.in);

    //无参构造方法，构造无数据节点
    public SingleLinkList() {
```

```
            this.next = null;
        }

        //带数据参数构造方法，构造数据节点
        public SingleLinkList(Object data) {
            this.data = data;
            this.next = null;
        }

        public void initiate() {                      //初始化链表
            this.front = null;                         //将头节点置空
        }

        public void displayData() {                    //显示所有数据节点
            if (front == null) {
                System.out.println("线性表中没有数据");
                return;
            }
            SingleLinkList current = front;            //当前节点，从头节点开始
            while (current != null) {                  //如果当前节点非空，就输出数据
            System.out.print(current.data + " ");
            current = current.next;                    //当前节点向后移，"顺藤摸瓜"
            }
        }

        public int getLength() {
            if (front == null) {
                return 0;                              //表为空，则返回 0
            } else {
                SingleLinkList current = front;        //从头节点开始
                int length = 1;                        //从头节点开始，length 的初值为 1
                while (current.next != null) {         //一直到找到最后一个数据为止
                    current = current.next;            //逐个向后遍历
                    length++;                          //每移动一次，将 length 的值递加一次
                }
                return length;                         //返回 length 的值，length 就是表中数据的个数
            }
        }

        public void add(Object data) {                 //将数据添加到表的最后
```

```
        SingleLinkList newNode = new SingleLinkList(data);        //创建新数据节点
        if (front == null) {                                      //表为空，新数据节点作为头节点
            front = newNode;
            newNode.next = null;
            return;
        } else {
            SingleLinkList current = front;                       //移动节点指向头节点
            while (current.next != null) {                        //节点引用非空，即还不到表最后
                current = current.next;                           //向后移动节点
            }
            current.next = newNode;                               //最后节点的引用指向新节点
        }
    }


public void insert() {                                            //在位置 index 后插入数据
    System.out.print("请输入要插入第几个数据的后面：");
    int index = scan.nextInt();
    if (index > getLength()) {
        System.out.println("输入的位置超过链表的长度！");
    } else {                                                      //prev 用于指向插入点之前的节点
        SingleLinkList prev = new SingleLinkList();
        //开始遍历时，当前节点 current 指向头节点
        SingleLinkList current = front;
        for (int i = 1; i <= index; i++) {
            //从第一个节点开始，向后移动 index 个位置
            prev = current;                                       //当前节点向后移动之前记为前一节点
            current = current.next;                               //当前节点向后移动
        }
        System.out.print("请输入要插入的数据：");
        data = scan.next();
        SingleLinkList newNode = new SingleLinkList(data);        //构造新节点
        if (front == null) {                                      //表为空，新数据节点作为头节点
            front = newNode;
            newNode.next = null;
            return;
        }
        newNode.next = current;     //先将新节点的引用指向插入点后面的节点，即 current
        prev.next = newNode;        //再将插入点前的节点引用指向新插入的节点
    }
}
```

```java
public Object delete(int index) {                              //删除线性表中第 index 个数据
    SingleLinkList prev = new SingleLinkList();                //前一节点
    SingleLinkList current = front;                            //当前节点
    Object it = null;
    try {   //防止移动过程出现空指针的异常
        if (index == 1) {          //如果删除第一个节点，就将头节点指向头节点的下一个
            front = front.next;
        }
        for (int i = 1; i < index; i++) {   //从第一个节点开始，向后移动 index 个位置
            prev = current;
            current = current.next;
        }
        //当前节点就是删除位置，其前一个节点指向当前节点的下一个节点
        it = current.data;                           //暂存要删除的数据
        prev.next = current.next;
        //Java 有自动垃圾回收机制，可以不必编写释放已删除节点的代码
    } catch (NullPointerException e) {
        System.out.println("index 超出了范围！ ");
        //return it;
    }
    return it;
}

public int locate(Object data) {                    //按数据值定位，尚未被调用
    SingleLinkList current = front;
    int length = 1;
    try {
        while (true) {
            if (current.data != data) {
                current = current.next;
                length++;
            }
            if (current.data == data) {
                return length;
            }
        }
    } catch (NullPointerException e) {
        return -1;
    }
}
```

```java
        public Object getData(int index) {              //查找位置 index 上的数据
            SingleLinkList current = front;             //从头节点开始
            if (index <= 0 || index > getLength()) {    //数据超出范围
                return null;
            } else {
                for (int i = 1; i < index; i++) {       //当前节点向后移动 index-1 个位置
                    current = current.next;
                }
                return current.data;
            }
        }

        public void updateData() {                      //修改位置 index 上的数据
            int index;
            System.out.print("请输入要修改的位置：");
            index = scan.nextInt();
            SingleLinkList current = front;
            if (index <= 0 || index > getLength()) {
                System.out.println("输入的长度超出了范围");
            } else {
                System.out.print("请输入要修改的数据：");
                data = scan.next();
                for (int i = 1; i < index; i++) {       //当前节点向后移动 index-1 个位置
                    current = current.next;
                }
                current.data = data;                    //用输入的数据覆盖当前节点的数据
                System.out.print("修改成功!!　");
            }
        }
    }
}
```

2．SingleLinkListMain.java 完整代码

```java
package ch2List;

import java.util.Scanner;

public class SingleLinkListMain {

    public static void main(String[] args) {
        int select, index = 0;
        SingleLinkList singlelinklist = new SingleLinkList();
```

```
do {
    System.out.println("\n==========单链表操作菜单==========");
    System.out.println("\t 1. 初始化   ");
    System.out.println("\t 2. 显示链表所有数据   ");
    System.out.println("\t 3. 求链表数据的个数   ");
    System.out.println("\t 4. 追加数据   ");
    System.out.println("\t 5. 插入数据   ");
    System.out.println("\t 6. 删除数据   ");
    System.out.println("\t 7. 查找数据   ");
    System.out.println("\t 8. 修改数据  ");
    System.out.println("\t 9. 退出  \n");
    System.out.println("   请输入您的选择项： ");
    Scanner scan = new Scanner(System.in);
    select = scan.nextInt();
    switch (select) {
        case 1:
            singlelinklist.initiate();
            System.out.println("表的初始化完成  \n");
            break;
        case 2:
            singlelinklist.displayData();
            break;
        case 3:
            if (singlelinklist.getLength() == 0) {
                System.out.println("线性表为空");
            } else {
                System.out.println("数据的个数为  ");
                System.out.println(singlelinklist.getLength());
            }
            break;
        case 4:
            System.out.print("请输入要加进的数据：  ");
            Object data = scan.next();
            singlelinklist.add(data);
            break;
        case 5:
            singlelinklist.insert();
            break;
```

```
            case 6:
                System.out.println("请输入要删除表中数据的位置 i= ");
                index = scan.nextInt();
                singlelinklist.delete(index);
                break;
            case 7:
                System.out.println("请输入要查找的位置 i= ");
                index = scan.nextInt();
                if (singlelinklist.getData(index) == null) {
                    System.out.println("对不起，查不到该数据，可能输入位置超出范围!!");
                } else {
                    System.out.println(singlelinklist.getData(index));
                }
                break;
            case 8:
                singlelinklist.updateData();
                break;
            case 9:
                System.out.println("正在退出菜单.....");
                System.exit(0);
                break;
            }
        } while (true);
    }
}
```

2.4　任务四　线性表的应用——解决约瑟夫环问题

2.4.1　子任务 1　认识约瑟夫环

1. 约瑟夫的故事

据说知名犹太历史学家约瑟夫有过这样的故事：在罗马人占领乔塔帕特后，39 个犹太人与约瑟夫及他的朋友躲到一个洞中，39 个犹太人选择甘愿自杀也不要被敌人捉到，于是选择了一个自杀的办法，他们总共 41 个人排成一个圆圈，由第 1 个人开始报数，每报数到 3 的人该人就必须自杀，然后再由下一个重新报数，直到所有人都自杀身亡为止。

然而约瑟夫和他的朋友并不想自杀，但约瑟夫要他的朋友先装作顺从，他将朋友与自己布置在第 16 个与第 31 个位置上。报数开始了：3, 6, 9, 12, 15, 18, 21, 24, 27, 30, 33……41，前面 39 人都报数并按约定自杀，最后剩下 16 和 31，于是约瑟夫和他的朋友逃过了这场自杀的死亡游戏。

2. 约瑟夫环的问题模型

约瑟夫死亡游戏可以总结为如下的数学模型:

已知 n 个人(以编号 1,2,3,…,n 分别表示,也可以用 A,B,C,D,… 或者其他字符串表示)围坐在一张圆桌周围。从编号为 k 的人开始,从 1 数到 m 的那个人出列;他的下一个人又从 1 开始数到 m 的那个人又出列;依此规律重复下去,直到圆桌周围的人全部出列或剩余若干个。

3. 约瑟夫环的问题算法

约瑟夫环的问题其实就是构造一个数据系列,并按一定规则不断删除系列中的数据,线性表也属数据系列,可以对线性表构建、增加数据、删除数据,所以可以利用已经构建的线性表来解决约瑟夫环问题。

中文描述的算法:

　　　　建立一个具有 n 个数据系列的线性表

　　　　输入开始报数的位置 k 和报数间隔 m

　　　　确定线性表 k 位置并开始循环

从 1 数到 m,删除该数据,继续从线性表删除,直到链表为空。

2.4.2　子任务 2　约瑟夫环的程序实现

(1) 在 ch2List 包中创建一个 Java 文件:JosephusMain.java,本任务直接给出程序代码实现构造的过程,可以参考线性表的顺序存储结构和链式存储结构的操作。

(2) JosephusMain.java 完整代码:

```java
package ch2List;

import java.util.Scanner;

public class JosephusMain {

    public static void main(String[] args) throws Exception {
        int select, number, k, m, index;
        SeqList seqlist = new SeqList();
        SingleLinkList singlelinklist = new SingleLinkList();
        JosephusMain selectmonkey = new JosephusMain();
        do {
            System.out.println("\n=========Josephus 环操作菜单=========");
            System.out.println("\t 1. 使用顺序存储线性表自动建立编码 ABC...");
            System.out.println("\t 2. 开始游戏(顺序存储)   ");
            System.out.println("\t 3. 使用链式存储线性表自动建立编码 123...");
            System.out.println("\t 4. 开始游戏(链式存储)   ");
```

```
System.out.println("\t 5. 退出 \n");
System.out.println("    请输入您的选择项： ");
Scanner scan = new Scanner(System.in);
select = scan.nextInt();
switch (select) {
    case 1:
        seqlist.initiate();    //初始化表
        System.out.print("请输入个数： ");
        number = scan.nextInt();
        for (int i = 0; i < number; i++) {
            try {///(这是猴子选大王的程序，比如 5 个猴子分别用 A、B、C、D、
                E 来表示)从 A 开始自动创建 n 个字符代表猴子
                seqlist.add(new String((char) ('A' + i) + " "));
            } catch (Exception e) {
                System.out.print(e.toString());
            }
        }
        System.out.println("已经完成建立，数据是： ");
        seqlist.displayData();
        System.out.println("");
        break;
    case 2:
        System.out.print("请输入开始的序号:");
        k = scan.nextInt();    //n 开始的序号
        System.out.print("请输入间隔数： ");
        m = scan.nextInt(); //m 间隔的距离数
        selectmonkey.selectMonkey(seqlist, k, m);
        break;
    case 3:
        singlelinklist.initiate();    //初始化表
        System.out.print("请输入个数： ");
        number = scan.nextInt();
        for (int i = 1; i <= number; i++) {    //从 A 开始自动创建 n 个字符代表猴子
            singlelinklist.add(i);
        }
        System.out.println("已经完成建立，数据是： ");
        singlelinklist.displayData();
        System.out.println(" ");
        break;
```

```
                    case 4:
                        System.out.print("请输入开始的序号: ");
                        k = scan.nextInt();    //n 开始的序号
                        System.out.print("请输入间隔数：  ");
                        m = scan.nextInt(); //m 间隔的距离数
                        selectmonkey.selectMonkey(singlelinklist, k, m);
                        break;
                    case 5:
                        System.out.println("正在退出菜单.....");
                        System.exit(0);
                        break;
                }
            } while (true);
        }

        public void selectMonkey(SeqList seqlist, int k, int m) {
            System.out.print("原有数据是：");
            seqlist.displayData();
            System.out.println("");
            int index = k;
            while (seqlist.getSize() > 1) {
                index = (index + m - 1) % seqlist.getSize();
                if (index == 0) {
                    index = seqlist.getSize();
                }
                try {
                    System.out.print("  删除数据：" + seqlist.delete(index)+"删除后的数据是：");
                } catch (Exception e) {
                    System.out.print(e.toString());
                }
                seqlist.displayData();
                System.out.println("");
            }
            System.out.print("\n 最后的数据是：");
            seqlist.displayData();
            System.out.println("");
        }

        public void selectMonkey(SingleLinkList singlelinklist, int k, int m) {
```

```
System.out.print("原有数据是：");
singlelinklist.displayData();
        System.out.println("");
int index = k;
while (singlelinklist.getLength() > 1) {
    index = (index + m - 1) % singlelinklist.getLength();
    if (index == 0) {
        index = singlelinklist.getLength();
    }
    System.out.print(" 删除数据：" + singlelinklist.delete(index));
    System.out.print("  删除后的数据是： ");
    singlelinklist.displayData();
        System.out.println("");
}
System.out.print("\n 最后的数据是：");
singlelinklist.displayData();
System.out.println("");
        }
    }
```

课后任务

1. 学习线性表的顺序存储和链式存储，模仿或按照教程中的程序代码，构建线性表的顺序存储和链式存储程序实现。

2. 运行自己完成的线性表的顺序存储和链式存储程序实现，并进行测试，以帮助理解本学习情境的数据结构和算法内容。

3. 对线性表的顺序存储和链式存储中程序实现的不完善之处进行改进，或者写出更好的、创新的程序实现。

预习任务

请预习下一个学习情景：栈和队列。

学习情境3 栈 和 队 列

栈和队列是两种特殊的线性表，线性表增加和删除操作的位置受到限制，如果插入和删除操作只允许在线性表的一端进行，则为栈；若插入和删除操作分别在线性表的两端进行，则为队列。因此，栈的特点是后进先出，队列的特点是先进先出。栈和队列在软件设计中广泛应用。

由于栈和队列的操作比线性表更简单，完全可以利用线性表已经实现的操作来实现栈和队列的操作。为了让学习者能更多地学习 Java 操作的思想和方法，与学习情境 2 不同，本学习情境的程序实现中使用接口和泛型。

3.1 任务一 栈

3.1.1 子任务 1 认识栈

1. 栈

栈(stack)是一种特殊的线性表，其插入和删除操作只允许在线性表的一端进行。允许操作的一端称为栈顶(top)，不允许操作的一端称为栈底(bottom)。栈中插入数据的操作称为入栈(push)，删除数据的操作称为出栈(pop)，没有数据的栈称为空栈，如图 3-1 所示。

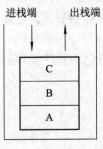

图 3-1 栈

2. 栈的基本操作

栈的操作比较简单，基本操作主要有判断栈是否为空、取出栈顶数据值(栈中的数据不变)、进栈和出栈。进栈使得栈中数据增加，出栈使得栈中数据减少。

由于栈的插入和删除操作只允许在栈顶进行，每次入栈数据即成为当前栈顶数据，每次出栈数据是最后一个入栈数据，因此栈也称为后进先出(Last In First Out)表，就像一摞盘子放进一个尺寸稍大些的桶里，每次进出只能一只盘子放在最上面或者从最上面取走一只盘子，不能从中间插入或抽出。如图 3-2 所示，如果进栈是顺序 A、B、C、D，全部进栈，再全部出栈，则出栈的顺序是 D、C、B、A。

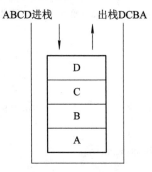

图 3-2　进栈和出栈

3. 定义栈的 Java 程序接口

栈中的数据可以是任意数据类型。栈的基本类型操作有判断栈是否为空、进栈、出栈和取栈顶数据值等。与线性表不同，不能对栈顶以外的位置 index 进行插入或删除等操作。

创建包，命名为 ch3StackQueue，在 ch3StackQueue 包中创建描述栈操作的接口，并使用泛型，程序如下：

```
package ch3StackQueue;

public interface Stack<E>        //栈接口
{

    boolean isEmpty();           //判断是否空栈，若空栈则返回 true

    boolean push(E data);        //数据 data 入栈，若操作成功则返回 true

    E pop();                     //出栈，返回当前栈顶数据，若栈空则返回 null

    E getTop();                  //取栈顶数据值，未出栈，若栈空则返回 null
}
```

3.1.2　子任务 2　操作栈的顺序存储结构

1. 顺序存储结构的栈

采用顺序存储结构的栈称为顺序栈，操作菜单为：

【1-判断栈】【2-进栈】【3-出栈】【4-取栈顶数据】【5-显示栈所有数据】

其中"5-显示栈所有数据"本来不是栈的基本操作，只是为了使得程序操作中可以更全面地查看操作结果是否正确而增加的。操作菜单的程序代码参阅 Menu.java 中的 SeqStackMenu()。

2. 创建顺序栈类

在 ch3StackQueue 包中创建 SeqStack.java 顺序栈类，value 为存储栈的数据值，top 为栈

顶数据下标，空栈则 top 值为–1，创建带参数(栈容量)和无参构造方法(固定容量为 100 或其他值)。程序如下：

```
public class SeqStack<E> implements Stack<E>          //顺序栈类
{
    private Object value[];                           //存储栈的数据值
    private int top;                                  //top 为栈顶数据下标

    public SeqStack(int capacity)                     //带参构造方法，创建指定容量的空栈
    {
        this.value = new Object[capacity];
        this.top = -1;
    }

    public SeqStack()                                 //默认构造方法，创建指定容量的空栈
    {
        this(100);
    }
}
```

3．顺序栈基本算法

(1) 判断栈是否为空。

中文描述算法：

　　如果栈空
　　　　返回真
　　否则
　　　　返回假

用程序设计语言描述算法：

```
if(this.top == -1)
    return true
else
    return false;
```

因为在 Java 中 this.top == –1 本身就是两个结果 true 或 false，所以此处可以直接用一个语句代替上述四行程序：

```
return this.top == -1;
```

这样程序更简洁。

(2) 进栈。

中文描述算法(如图 3-3 所示)：

　　如果栈满
　　　　则扩充容量
　　栈的指针上移
　　将进栈数据赋值给栈单元

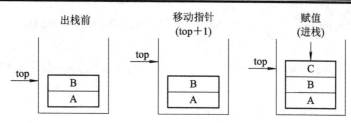

图 3-3　顺序存储进栈操作

(3) 出栈。

中文描述算法(如图 3-4 所示)：

　　　如果栈空

　　　　　　则返回空

　　　取出栈顶数据

　　　栈的指针下移

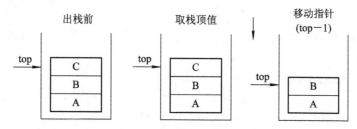

图 3-4　顺序存储出栈操作

(4) 取出栈顶数据值。

取出栈顶数据值，栈中的数据不变，此时指针不动即可。

(5) 显示栈中各数据的内容。

这不是栈的基本操作，而是为了使得程序操作中可以更全面地查看操作结果是否正确而增加的，所以不能对 top 指针进行直接增减操作，可以将 top 值赋给一个变量 i，读出栈中所有数据值。

　　中文描述算法：

　　　如果栈非空

　　　　　　top 赋给 i

　　　　　　从 i 到 0

　　　　　　　　将栈的数据值加到字符串 str

　　　　　返回串 str

4．程序实现顺序栈

顺序栈类 SeqStack.java 操作的完整代码如下：

```
package ch3StackQueue;

public class SeqStack<E> implements Stack<E>        //顺序栈类
{
    private Object[] value;                          //存储栈的数据值
```

```java
    private int top;                                //top 为栈顶数据下标

    public SeqStack(int capacity)                   //带参构造方法，创建指定容量的空栈
    {
        this.value = new Object[capacity];
        this.top = -1;
    }

    public SeqStack()                               //默认构造方法，创建指定容量的空栈
    {
        this(100);
    }

    public boolean isEmpty()                        //判断是否空栈，若空栈则返回 true
    {
        return this.top == -1;
    }

    public boolean push(E data)                     //数据 data 入栈，若操作成功则返回 true
    {
        if (data == null) {
            return false;                           //空对象(null)不能入栈
        }
        if (this.top == value.length - 1)           //若栈满，则扩充容量
        {
            Object[] temp = this.value;
            this.value = new Object[temp.length * 2];
            for (int i = 0; i < temp.length; i++) {
                this.value[i] = temp[i];
            }
        }
        this.top++;
        this.value[this.top] = data;
        return true;
    }

    public E pop()              //出栈，返回当前栈顶数据，若栈空则返回 null
    {
```

```
        if (!isEmpty()) {
            return (E) this.value[this.top--];
        } else {
            return null;
        }
    }

    public E getTop()              //取栈顶数据值，未出栈，栈顶数据未改变
    {
        if (!isEmpty()) {
            return (E) this.value[this.top];
        } else {
            return null;
        }
    }

    @Override
    public String toString()       //返回栈中各数据的字符串
    {
        String str = "[";
        if (this.top != -1) {
            str += this.value[this.top].toString();
        }
        for (int i = this.top - 1; i >= 0; i--) {
            str += ", " + this.value[i].toString();
        }
        return str + "] ";
    }
}
```

3.1.3 子任务3 操作栈的链式存储结构

1. 链式存储结构的栈

采用链式存储结构的栈称为链栈，操作菜单与顺序存储一样：

【1-判断栈】【2-进栈】【3-出栈】【4-取栈顶数据】【5-显示栈所有数据】

同样，"5-显示栈所有数据"本来不是栈的基本操作，只是为了使得程序操作中可以更全面地查看操作结果是否正确而增加的。操作菜单的程序代码参阅 Menu.java 中的 linkStackMenu()。

2. 创建链式存储栈类

(1) 在 ch3StackQueue 包中创建链式存储的单链表节点类 Node.java，data 为数据域，用

于保存栈的数据，next 为地址域，引用后继节点。程序代码如下：

```java
//单链表节点类
package ch3StackQueue;

public class Node<E>                        //单链表节点类
{
    private E data;                         //数据域，保存数据
    private Node<E> next;                   //地址域，引用后继节点

    public Node(E data, Node<E> next)       //构造节点，指定数据和后继节点
    {
        this.data = data;
        this.next = next;
    }

    public Node(E data)                     //构造节点，指定数据，后继节点为空
    {
        this(data, null);
    }

    public Node()                           //构造节点，数据和后继节点均为空
    {
        this(null, null);
    }

    public String toString()                //返回节点数据值对应的字符串
    {
        return this.getData().toString();
    }

    public E getData() {
        return data;
    }

    public void setData(E data) {
        this.data = data;
    }

    public Node<E> getNext() {
```

```
            return next;
        }

        public void setNext(Node<E> next) {
            this.next = next;
        }
    }
```

(2) 在 ch3StackQueue 包中创建 LinkStack.java 链栈类，使用节点类 Node 构造栈顶数据 top，并创建 LinkStack()构造方法，程序代码如下：

```
public class LinkStack<E> implements Stack<E>      //链式栈类
{
    private Node<E> top;

    public LinkStack()                             //构造空栈
    {
        this.top=null;                             //栈顶节点
    }
}
```

3．链式存储结构的栈基本算法

(1) 判断栈是否为空。

算法：如果栈顶数据 top==null 则栈为空

(2) 进栈。

链式存储结构的出栈如图 3-5 所示。

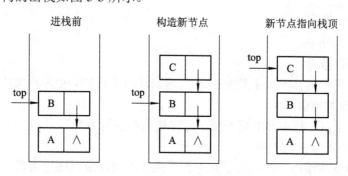

图 3-5　链式存储进栈操作

算法：

　　　构造新节点(指向栈顶)

　　　栈顶引用指向新节点

如果链式存储栈底节点作为头节点，如图 3-6 所示，则进栈操作算法：

先构造新节点，新节点引用为空

栈顶节点的引用指向新节点

头节点引用指向新节点

这样算法每次进栈前都要从栈底通过引用到寻找栈顶节点，再进行进栈操作，消耗时间，出栈类似，所以本教程的程序采用图3-5所示的操作。

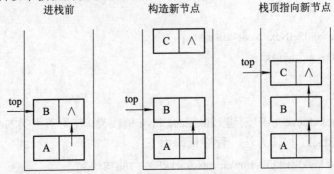

图 3-6　链式存储栈底为头节点

(3) 出栈。

链式存储结构的出栈如图 3-7 所示。

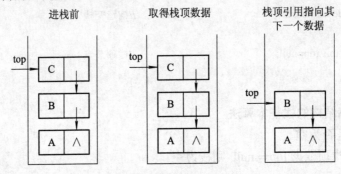

图 3-7　链式存储出栈操作

中文描述算法：

　　如果栈空

　　　　则返回空

　　取出栈顶数据

　　栈顶引用指向其下一个数据(Java 垃圾自动回收机制会处理原来栈顶的数据)

(4) 取出栈顶数据值。

取出栈顶数据值，栈中的数据不变，此时栈顶的引用不变。

(5) 显示栈中各数据的内容。

这不是栈的基本操作，而是为了使得程序操作中可以更全面地查看操作结果是否正确而增加的，所以不能对 top 引用进行直接移动操作，可以将 top 引用值赋给一个临时引用 p，若 p 非空则循环读出栈中所有数据值。

中文描述算法：

　　栈顶引用赋给临时引用

　　如果临时引用非空

　　　　将栈的数据值加到字符串 str

　　　　临时引用指向其下一个数据

　　返回串 str

4. 程序实现链式存储栈

链式存储栈类 LinkStack.java 操作的完整代码如下：

```java
package ch3StackQueue;

public class LinkStack<E> implements Stack<E>      //链式栈类
{
    private Node<E> top;

    public LinkStack()                             //构造空栈
    {
        this.top=null;                             //栈顶节点
    }
    public boolean isEmpty()                        //判断是否空栈
    {
     return this.top==null;

    }

    public boolean push(E data)                    //数据 data 入栈，若操作成功则返回 true
    {
        if (data==null)
            return false;                          //空对象(null)不能入栈
//在原栈顶之前插入节点作为新的栈顶节点
        this.top = new Node(data, this.top);
        return true;
    }

    public E pop()                                  //出栈，返回当前栈顶数据，若栈空则返回 null
    {
        if (!isEmpty())
        {
            E temp = this.top.getData();            //取得栈顶节点值
            this.top = this.top.getNext();          //删除栈顶节点
            return temp;
        }
        return null;
    }

    public E getTop()                               //取栈顶数据值，未出栈，若栈空则返回 null
    {
```

```
        if (!isEmpty())
            return this.top.getData();
        return null;
    }


    @Override
    public String toString()        //返回栈中各数据的字符串描述
    {
        String str=" [";
        Node<E> p = this.top;
        while (p!=null)
        {
            str += p.getData().toString();
            p = p.getNext();
            if (p!=null)
                str += ", ";
        }
        return str+"] ";
    }
}
```

3.2　任务二　队列

3.2.1　子任务1　认识队列

1．队列(queue)

队列是一种特殊的线性表，其插入和删除操作分别在线性表的两端进行。在队列某一端插入数据称为入队(enqueue)；在另外一端删除数据的过程称为出队(dequeue)。允许入队的一端称为后端或队尾(rear)，允许出队的一端称为前端或队头(front)。没有数据的队列称为空队列。队列如图 3-8 所示。

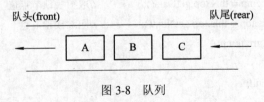

图 3-8　队列

2．队列的基本操作

队列的操作也比较简单，基本操作主要有判断队列是否为空、进队、出队和显示队头数据等。进队列使得队列中的数据增加，出队列使得队列中的数据减少。

　　由于队列的插入和删除操作只允许在队列的两端进行，每次入队列数据即成为当前队尾数据，每次出队列数据是最早入队的数据，因此队列也称为先进先出(First In First Out)表，就像火车经过中途站台，先进入站台的车厢先离开站台一样。如图 3-8 所示，如果进队的顺序是 A、B、C，则出队列的顺序是 A、B、C。

3．定义队列的 Java 程序接口

　　队列中的数据可以是任意数据类型。队列的基本类型操作有判断队是否为空、进队、出队和取队头数据值等。与普通线性表不同，不能对队尾以外的位置 index 进行插入操作或队头以外的位置 index 进行删除操作。

　　在 ch3StackQueue 包中创建描述队操作的接口 Queue.java，并使用泛型，程序如下：

```
package ch3StackQueue;

public interface Queue<E>                   //队列接口
{

    boolean isEmpty();                      //判断队列是否为空，若空则返回 true

    boolean enQueue(E element);             //数据 element 入队，若操作成功则返回 true

    E deQueue();                            //出队，返回当前队头数据，若队列空则返回 null

    E getFront();                           //取队头数据值，未出队，若队空则返回 null
}
```

3.2.2　子任务 2　操作队列的顺序存储结构

1．顺序存储结构的队列

　　采用顺序存储结构的队称为顺序队，操作菜单为：

　　【1-判断队空】【2-进队】【3-出队】【4-显示队头数据】【5-显示队所有数据】

　　"5-显示队所有数据"本来不是队的基本操作，只是为了使得程序操作中可以更全面地查看操作结果是否正确而增加的。操作菜单的程序代码参阅 Menu.java 中的 seqqueueMenu()。

2．创建顺序队列类

　　在 ch3StackQueue 包中创建 SeqQueue.java 顺序队类，value 为存储队的数据值，front 为队头数据的下标，rear 为队尾数据的下标，空队则 front 等于 rear，创建带参数(队容量)和无参构造方法(固定容量为 100 或其他值)的队。

　　程序代码如下：

```
package ch3StackQueue;
public class SeqQueue<E> implements Queue<E>            //顺序循环队列类
{
    public Object[] value;                              //存储队列的数据
```

```
        public int front, rear;                    //front、rear 为队列头、尾下标

        public SeqQueue(int capacity)              //构造指定容量的空队列
        {
            this.value = new Object[capacity];
            this.front = this.rear = 0;
        }

        public SeqQueue()                          //构造默认容量的空队列
        {
            this(100);
        }
    }
```

3. 顺序队列基本算法

(1) 判断队是否为空。

中文描述算法：

　　　　如果队空(front 等于 rear)

　　　　　　返回真

　　　　否则

　　　　　　返回假

(2) 进队。

中文描述算法(如图 3-9 所示)：

　　　　如果队满

　　　　　　则扩充容量

　　　　队尾的指针加 1

　　　　将进队数据赋值给队尾存储单元

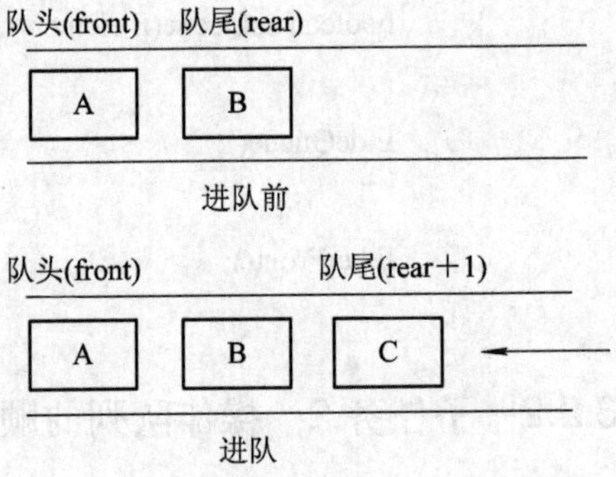

(3) 出队。

中文描述算法(如图 3-10 所示)：

　　　　如果队空

　　　　　　则返回空

　　　　取出队头数据

　　　　队的指针加 1

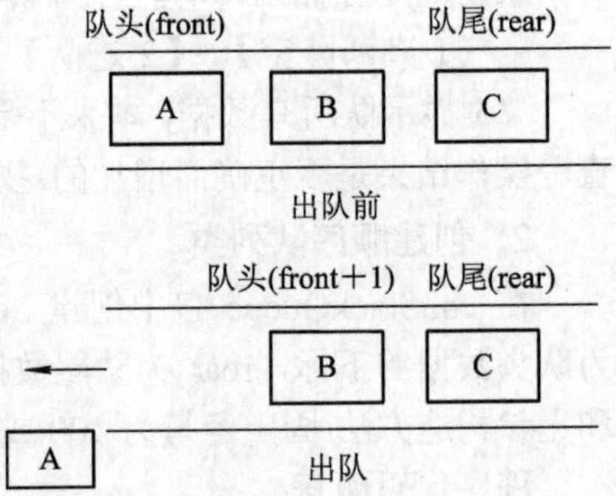

(4) 取出队头数据值。

取出队头数据值，队中的数据不变，此时指针不
改变即可。

(5) 显示队中各数据的内容。

这不是队的基本操作，将队头 front 值赋给一个变量 i，从 i 开始到队尾 rear 读出队中所
有数据值。

图 3-9　顺序存储队列的进队操作

图 3-10　顺序存储队列的出队操作

中文描述算法：

  如果队非空

   front 赋给 i

   从 i 到 rear

    将队的数据值加到字符串 str

  返回串 str

4．程序实现顺序队列

顺序队类 SeqQueue.java 操作的完整代码如下：

```java
package ch3StackQueue;

public class SeqQueue<E> implements Queue<E>      //顺序循环队列类
{
    public Object[] value;                        //存储队列的数据
    public int front, rear;                       //front、rear 为队列头、尾下标

    public SeqQueue(int capacity)                 //构造指定容量的空队列
    {
        this.value = new Object[capacity];
        this.front = this.rear = 0;
    }

    public SeqQueue()                             //构造默认容量的空队列
    {
        this(100);
    }

    public boolean isEmpty()                      //判断队列是否空，若空则返回 true
    {
        return this.front == this.rear;           //
    }

    public boolean enQueue(E data)                //数据 data 进队，若操作成功则返回 true
    {
        if (data == null) {
            return false;                         //空对象(null)不能进队
        }
        if (this.front == (this.rear + 1) % this.value.length) {   //若队列满，则扩充容量
            Object[] temp = this.value;
            this.value = new Object[temp.length * 2];
```

```
            int i = this.front, j = 0;
            while (i != this.rear)              //按队列数据次序复制数组数据
            {
                this.value[j] = temp[i];
                i = (i + 1) % temp.length;
                j++;
            }
            this.front = 0;
            this.rear = j;
        }
        this.value[this.rear] = data;               //
        this.rear = (this.rear + 1) % this.value.length;
        return true;
    }

    public E deQueue()                      //出队，返回当前队头数据，若队列空则返回 null
    {
        if (!isEmpty()) //队列不空
        {
            E temp = (E) this.value[this.front];    //取得队头数据
            this.front = (this.front + 1) % this.value.length;
            return temp;
        }
        return null;
    }

    public E getFront() {
        if (!isEmpty()) {                           //队列不空
            E temp = (E) this.value[this.front];    //取得队头数据
            return temp;
        } else {
            return null;
        }
    }

    @Override
    public String toString()                    //返回队列中各数据的字符串描述
    {
        String str = " [";
        if (!isEmpty()) {
```

```
                str += this.value[this.front].toString();
                int i = (this.front + 1) % this.value.length;
                while (i != this.rear) {
                    str += ", " + this.value[i].toString();
                    i = (i + 1) % this.value.length;
                }
            }
            return str + "] ";
        }
    }
```

3.2.3　子任务 3　操作栈的链式存储结构

1．链式存储结构的队列

采用链式存储结构的队列称为链式队列，操作菜单为：

【1-判断队空】【2-进队】【3-出队】【4-显示队头数据】【5-显示队所有数据】

与顺序存储结构的队操作一样，"5-显示队所有数据"本来不是链队的基本操作，只是为了使得程序操作中可以更全面地查看操作结果是否正确而增加的。操作菜单的程序代码参阅 Menu.java 中的 linkqueueMenu()。

2．创建链式队列类

在"3.1.3　子任务 3　操作栈的链式存储结构"中已经创建链式存储的单链表节点类 Node.java，data 为数据域，用于保存栈的数据，next 为地址域，引用后继节点。链式节点可以用于链式栈和链式队列，所以这里可以使用该 Node 类。

在 ch3StackQueue 包中创建 LinkQueue.java 链式队类，front 和 rear 分别指向队头和队尾节点，空队则 front 和 rear 都为 null，构造空队列就是 front 和 rear 都赋值为 null。定义 LinkQueue.java 链式队类的代码如下：

```
        package ch3StackQueue;
        public class LinkQueue<E> implements Queue<E>      //链式队列类
        {
            private Node<E> front, rear;                   //front 和 rear 分别指向队头和队尾节点

            public LinkQueue()                             //构造空队列
            {
                this.front = this.rear = null;
            }
        }
```

3．链式队列基本算法

(1) 判断队是否为空。

中文描述算法：

如果队空(front 和 rear 均为 null)

　　返回真

否则

　　返回假

(2) 进队。

中文描述算法(如图 3-11 所示)：

　　创建新节点

　　如果队空

　　　　则队头和队尾均指向新节点

　　否则

　　　　队尾引用指向新节点

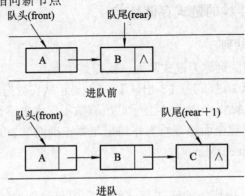

图 3-11　链式存储队列的进队操作

(3) 出队。

中文描述算法(如图 3-12 所示)：

　　如果队空

　　　　则返回空

　　取出队头数据

　　队头的引用指向其下一个节点

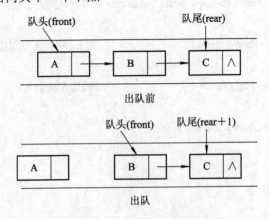

图 3-12　链式存储队列的出队操作

(4) 取出队头数据值。

取出队头数据值，队中的数据不变，此时队头的引用不改变即可。

(5) 显示队中各数据的内容。

这不是队的基本操作，将队头 front 引用赋给一个临时引用 p，从 p 开始到队尾 rear 读出队中所有数据值。

中文描述算法：

　　如果队非空

　　　　front 引用赋给一个临时引用 p

　　　　从 p 到 rear

　　　　　　将队的数据值加到字符串 str

　　返回串 str

4．程序实现链式队列

链式队列类 LinkQueue.java 操作的完整代码如下：

```java
package ch3StackQueue;

public class LinkQueue<E> implements Queue<E>    //链式队列类
{
    private Node<E> front, rear;                 //front 和 rear 分别指向队头和队尾节点

    public LinkQueue()                           //构造空队列
    {
        this.front = this.rear = null;
    }

    public boolean isEmpty()                     //判断队列是否空，若空则返回 true
    {
        return this.front == null && this.rear == null;
    }

    public boolean enQueue(E data)               //数据 data 入队，若操作成功则返回 true
    {
        if (data == null) {
            return false;                        //空对象(null)不能入队
        }
        Node<E> newnode = new Node(data);
        if (!isEmpty())                          //队列不空时
        {
            this.rear.setNext(newnode);          //q 节点作为新的队尾节点
```

```
        } else {
            this.front = newnode;
        }
        this.rear = newnode;
        return true;
    }

    public E deQueue()                    //出队，返回当前队头数据，若队列空则返回 null
    {
        if (!isEmpty())
        {
            E temp = this.front.getData();    //取得队头数据
            this.front = this.front.getNext();  //删除队头节点
            if (this.front == null)
            {
                this.rear = null;
            }
            return temp;
        } else {
            return null;
        }
    }

    public E getFront() {
        if (!isEmpty()) {
            E temp = this.front.getData();    //取得队头数据
            return temp;
        } else {
            return null;
        }
    }

    @Override
    public String toString()              //返回栈中各数据的字符串描述
    {
        String str = " [";
        Node<E> p = this.front;
        while (p != null) {
```

```
            str += p.getData().toString();
            p = p.getNext();
            if (p != null) {
                str += ", ";
            }
        }
        return str + "] ";
    }
}
```

3.3　任务三　整合栈和队列的操作

本学习情境介绍了栈和队列的顺序存储和链式存储的操作,共有四类基本操作:栈的顺序存储操作、栈的链式存储的操作、队列的顺序存储操作、队列的链式存储的操作,四类操作又有五种基本具体操作,比较整齐划一,可以把这四类操作整合在一起。

这需要构造两级操作菜单系统,第一级操作菜单如下:

```
          ☆★☆ 栈和队  操作主菜单☆★☆

    【1-栈的顺序存储结构】          【2-栈的链式存储结构】
    【3-队的顺序存储结构】          【4-队的链式存储结构】
                      【5-退出】
  请选择:
```

选择其中一项目菜单后,进入各自的二级菜单操作,在前面的各任务中都已经介绍菜单项和操作实现,所以本任务只要做出主程序菜单即可。

3.3.1　子任务 1　构造主程序

1. 构造栈和队列实现的主程序

由于栈和队列在一级操作菜单下具有四个二级菜单,所以可以把菜单抽取出来作为一个 Menu 类,而构造主程序只需调用菜单类即可,先构造主程序如下:

```
package ch3StackQueue;
public class Main {
    public static void main(String[] args) {

    }
}
```

等"3.3.2　子任务 2　构造菜单程序"完成后再转回下面的"2. 主程序 Main.java 完整代码",调用菜单类的主菜单即可实现完整系统。

2. 主程序 Main.java 完整代码

```
package ch3StackQueue;

public class Main {

    public static void main(String[] args) {
        Menu menu = new Menu();        //创建主菜单对象
        menu.mainMenu();               //调用主菜单方法
    }
}
```

3.3.2　子任务 2　构造菜单程序

1. 构造一级菜单

与学习情境 2 中的线性表菜单构造类似，先构造一级菜单。

详细代码见 Menu.java。

2. 构造二级菜单

构造四个二级菜单的方法包括：栈的顺序存储结构操作 seqstackMenu()、栈的链式存储结构操作 linkStackMenu()、队的顺序存储结构操作 seqqueueMenu()、队的链式存储结构操作 linkqueueMenu()。

详细代码见 Menu.java。

3. 栈和队操作菜单 Menu.java 完整代码

```
package ch3StackQueue;

import java.util.Scanner;

public class Menu {

    Scanner input = new Scanner(System.in);
    String data;

    public void mainMenu()//主菜单
    {
        int select;
        do {
            System.out.print("\n\n");
            System.out.print("\t\t☆★☆  栈和队  操作主菜单☆★☆\n");
            System.out.print("\n");
            System.out.print("\t【1-栈的顺序存储结构】");
```

```
                System.out.print("\t【2-栈的链式存储结构】\n");
                System.out.print("\t【3-队的顺序存储结构】");
                System.out.print("\t【4-队的链式存储结构】\n");
                System.out.print("\t\t\t     【5-退出】\n");
                System.out.print("\n");
                System.out.print("\t 请选择：");
                select = input.nextInt();
                switch (select) {
                    case 1:
                        seqstackMenu();
                        break;
                    case 2:
                        linkStackMenu();
                        break;
                    case 3:
                        seqqueueMenu();
                        break;
                    case 4:
                        linkqueueMenu();
                        break;
                    case 5:
                        System.out.println("\t ^_^  感谢您的使用^_^\n");
                        System.out.print("\t    欢迎下次使用\n");
                        System.out.print("\t      再    ★    见\n");
                        System.exit(0);
                        break;
                    default:
                        continue;
                }
        } while (true);
    }


public void seqstackMenu()                    //栈的顺序存储结构操作菜单
{
    SeqStack<String> seqstack = new SeqStack<String>();
    int select = 0;
    do {
        System.out.print("\n");
        System.out.print("\t\t☆★☆栈的顺序存储结构的操作菜单☆★☆\n");
```

```
                    System.out.print("\n");
                    System.out.print("\t【1-判断栈】      【2-进栈】");
                    System.out.print("\t【3-出栈  】      【4-取栈顶数据】");
                    System.out.print("\t【5-显示栈所有数据】\n");
                    System.out.print("\t【6-返回上一级菜单】\n");
                    System.out.print("\n 请选择: ");
                    select = input.nextInt();
                    switch (select) {
                        case 1:
                            if (seqstack.isEmpty() == true) {
                                System.out.println("\t 栈为空！");
                            } else {
                                System.out.println("\t 栈中有数据!");
                            }
                            break;
                        case 2:
                            System.out.print("\t 输入要进栈的数据：");
                            data = input.next();
                            seqstack.push(data);
                            System.out.print("\t 进栈数据为： " + data + "\n");
                            break;
                        case 3:
                            System.out.println("\t 出栈数据为： " + seqstack.pop());
                            break;
                        case 4:
                            System.out.println("\t 栈顶数据为： " + seqstack.getTop());
                            break;
                        case 5:
                            System.out.println("\t 栈顶" + seqstack.toString() + "栈底");
                            break;
                        case 6:
                            mainMenu();
                            break;
                        default:
                            continue;
                    }
                } while (true);
            }//栈的顺序存储操作菜单结束
```

```
public void linkStackMenu()//栈的链式存储结构操作菜单
{
    LinkStack<String> linkstack = new LinkStack<String>();
    int select;
    do {
        System.out.print("\n");
        System.out.print("\n");
        System.out.print("\t\t☆★☆栈的链式存储结构的操作菜单☆★☆\n");
        System.out.print("\n");
        System.out.print("\t【1-判断栈】            【2-进栈】");
        System.out.print("\t【3-出栈   】            【4-取栈顶数据】");
        System.out.print("\t【5-显示栈所有数据】\n");
        System.out.print("\t【6-返回上一级菜单】\n");
        System.out.print("\n\n\t 请选择: ");
        select = input.nextInt();
        switch (select) {
            case 1:
                if (linkstack.isEmpty() == true) {
                    System.out.println("\t 栈为空！ ");
                } else {
                    System.out.println("\t 栈中有数据!");
                }
                break;
            case 2:
                System.out.print("\t 输入要进栈的数据： ");
                data = input.next();
                linkstack.push(data);
                System.out.print("\t 进栈数据为：  " + data + "\n");
                break;
            case 3:
                System.out.println("\t 出栈数据为：  " + linkstack.pop());
                break;
            case 4:
                System.out.println("\t 栈顶数据为：  " + linkstack.getTop());
                break;
            case 5:
                System.out.println("\t 栈顶" + linkstack.toString() + "栈底");
                break;
            case 6:
```

```
                        mainMenu();
                        break;
                    default:
                        continue;
            }
        } while (true);
}//栈的链式存储操作菜单结束

public void seqqueueMenu()//队的顺序存储结构操作菜单
{
    SeqQueue<String> seqqueue = new SeqQueue<String>(5);
    int select;
    do {
        System.out.print("\n");
        System.out.print("\n");
        System.out.print("\t\t☆★☆队的顺序存储结构的操作菜单☆★☆\n");
        System.out.print("\n");
        System.out.print("\t【1-判断队空】 【2-进队】");
        System.out.print("\t【3-出队】      【4-显示队头数据】");
        System.out.print("\t【5-显示队所有数据】\n");
        System.out.print("\t【6-返回上一级菜单】\n");
        System.out.print("\n 请选择: ");
        select = input.nextInt();
        switch (select) {
            case 1:
                if (seqqueue.isEmpty()) {
                    System.out.println("\t 队为空！");
                } else {
                    System.out.println("\t 队中有数据！");
                }
                break;
            case 2:
                System.out.print("\t 输入要进队的数据：");
                data = input.next();
                seqqueue.enQueue(data);
                System.out.print("\t 进队数据为： " + data + "\n");
                break;
            case 3:
                System.out.println("\t 出队数据为： " + seqqueue.deQueue());
```

```
                    break;
                case 4:
                    System.out.println("\t 队头为： " + seqqueue.value[seqqueue.front]);
                    break;
                case 5:
                    System.out.println("\t 队头" + seqqueue.toString() + "队尾");
                    break;
                case 6:
                    mainMenu();
                    break;
                default:
                    continue;
            }
        } while (true);
}//队的顺序存储操作菜单结束


public void linkqueueMenu()//队的链式存储结构操作菜单
{
    //队的链式存储功能菜单的显示及选择
    LinkQueue<String> linkqueue = new LinkQueue<String>();
//          SeqQueue<String> que = new SeqQueue<String>(5);
    int select;
    do {
        System.out.print("\n");
        System.out.print("\t\t☆★☆队的链式存储结构的操作菜单☆★☆\n");
        System.out.print("\n");
        System.out.print("\t【1-判断队空】 【2-进队】");
        System.out.print("\t【3-出队】       【4-显示队头数据】");
        System.out.print("\t【5-显示队所有数据】\n");
        System.out.print("\t【6-返回上一级菜单】\n");
        System.out.print("\n 请选择: ");
        select = input.nextInt();
        switch (select) {
            case 1:
                if (linkqueue.isEmpty() == true) {
                    System.out.println("\t 队为空！ ");
                } else {
                    System.out.println("\t 队中有数据！ ");
                }
```

```
                            break;
                    case 2:
                            System.out.print("\t 输入要进队的数据：");
                            data = input.next();
                            linkqueue.enQueue(data);
                            System.out.print("\t 进队数据为：   " + data + "\n");
                            break;
                    case 3:
                            System.out.println("\t 出队数据为：   " + linkqueue.deQueue());
                            break;
                    case 4:
                            System.out.println("\t 队头为：" + linkqueue.getFront());
                            break;
                    case 5:
                            System.out.println("\t 队头" + linkqueue.toString() + "队尾");
                            break;
                    case 6:
                            mainMenu();
                            break;
                    default:
                            continue;
                    }
            } while (true);
    }//队的链式存储操作菜单结束

}
```

课后任务

1．学习栈和队列，模仿或按照教程中的程序代码，构建栈和队列程序实现。

2．运行自己完成的栈和队列程序实现，并进行测试，以帮助理解本学习情境的数据结构和算法内容。

3．对栈和队列中程序实现的不完善之处进行改进，或者写出更好的、创新的程序实现。

预习任务

请预习下一学习情境：串。

学习情境 4 串

字符串(string，简称串)是由字符组成的有限序列，它是计算机中最常用的一种非数值型的数据。从逻辑结构看，串是一种特殊的线性表，特殊性表现在每个数据是一个字符，这种特殊性使得其存储结构和运算与线性表存在一定的差异。串的各种操作与线性表不同。本学习情境主要学习串的常见基本操作。

本学习情境首先介绍字符串的基本概念，分析串的顺序和链式两种存储结构存储的优缺点，然后以 Java 语言的字符串类 String 实现串的各种操作算法。

4.1 任务一 认识串

4.1.1 子任务 1 初识串

1. 认识串的定义

串是一种特殊的线性表，每个数据是一个字符。一个串记为

$$S = "s_0s_1\cdots\cdots s_{n-1}"$$

其中，$n \geq 0$，S 是串名，字符系列 $s_0s_1\cdots\cdots s_{n-1}$ 是串值，$s_i(i = 0，1，\cdots，n-1)$为特定字符集中的一个字符。

一个串中包含的字符个数称为串的长度。如 S= "String"，串 S 的长度为 6。长度为 0 的串称为空串，记作""，空串不包含任何字符。与空串不同，由一个或多个空格构成的非空字符串，如 "　" 称为空格串，不是空串。

在 Java 语言中，由双引号括起来的是字符串常量，数据类型是 String 类，注意对比由单引号界定的数据类型是字符，其数据类型是 char，占用 2 个字节，如'S'。

在 Java 中，无论半角英语字母("ABab")、数字("1234")，还是汉字("数据结构")、全角的英语字母("Ａ Ｂ ａ ｂ")或全角数字("１２３４")，每个字符长度都是 1，上述圆括号、双引号中字符串的长度均为 4。

一个字符在串中的位置指该字符串中的序号(index)，用一个整数表示。约定串中第一个字符的序号为 0，最后一个是 length−1，−1 表示某字符不在指定串中。

2. 子串

由串 S 中任意连续字符组成的一个子序列 sub 称为 S 的子串。S 称为 sub 的主串。例如，"ing"是"String"的子串。特别地，空串是任意串的子串。任意串 S 都是它自身的子串。除自身外，S 的其他子串称为 S 的真子串。

子串的序号指该子串的第一个字符在主串中的序号。例如："ing" 在 "String" 中的序号为 3。

4.1.2 子任务 2 串的基本运算

对串通常有如下基本运算：

(1) 赋值运算：将一个串 S_1 的内容全部传送给串 S。

(2) 求长度运算：返回串 S 的长度值。

(3) 连接运算：将串 S_1 和 S_2 连接成为一个新串。

(4) 求子串：返回串 S 中从第 i 个数据开始的到 j 所组成的子串。

(5) 判断串是否相等：比较串是否相等，因而可采用 equal 方法返回 false 与 true，分别表示相等关系的不成立和成立。

(6) 插入运算：将子串 S_1 插入到串 S 的从第 i 个字符开始的位置上。

(7) 删除运算：删除串 S 中从第 i 个字符开始的 j 个字符。

4.2 任务二 串的存储结构

由于串是一种特殊的线性表，故可采用线性的存储结构形式，即串有顺序存储和链式存储两种存储结构。

4.2.1 子任务 1 串的顺序存储结构

1. 认识串的顺序存储结构

串的顺序存储结构采用字符数组将串中的字符序列依次连续存储在数组的相邻单元中。使用字符数组有两种方案：数组容量等于或大于串长。当数组容量等于串长时，串不易增加字符，通常用于存储串常量；当数组容量大于串长时，便于增加字符，通常用于存储串变量，此时还要有一个整型变量记载串的长度。串的顺序存储结构如图 4-1 所示。

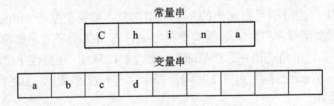

图 4-1 串的顺序存储结构

2. 串的顺序存储结构的优缺点

顺序存储的串具有随机存取的优点，存取指定位置字符串的时间复杂度为 O(1)；缺点是插入和删除数据时需要移动数据，平均移动数据量是串长度的一半；当数组容量不够时，需要重新申请一个更大的数组，并复制原数组中的所有数据。插入和删除操作的时间复杂度为 O(n)。

4.2.2　子任务 2　串的链式存储结构

1．认识串的链式存储结构

为便于插入和删除运算的实现，可采用链表结构来存储串。在前面所讨论线性表的存储结构中，用链表中的每个节点存储一个数据，然而，这一方法显然不适用于串的存储，因为一个节点中的指针所需要的存储空间通常要多于一个字节，例如可能是 4 个字节，由此造成存储空间的浪费。为此，可将每个节点中多存放几个字符。在这个情况下，将每个节点中最多能存储的数据个数定义为节点大小或容量。例如，节点大小为 4 的链串存储形式。

显然，节点容量大于 1 的链串能节省存储空间，但运行不便，而节点容量为 1 的链表串则浪费存储空间，但是运算要方便得多。

串的链式存储结构示意图如图 4-2 所示。

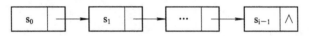

图 4-2　串的链式存储结构示意图

2．串的链式存储结构的优缺点

链式存储的串，存取指定位置字符的时间复杂度为 O(n)；插入/删除操作不需要移动数据，但占用存储空间由于增加引用而增大。

4.3　任务三　程序实现串的操作

特别说明：

(1) 前面的线性表、栈和队列的程序实现的程序文件名和方法名等都采用英文命名，当然命名也可以采用汉字的拼音。尽管本教程不提倡用拼音来命名，但出于对一部分学习者而言，用拼音命名示例也未偿不可。所以本学习情境串的程序实现使用拼音命名，实际实现中学习者可以根据自己的情况而决定。

(2) 主程序的菜单循环结构采用 for(;;)另外一种的方法，for()不需要任务条件，但在 for 之前需要有标号，在循环体中需要用 break 标号来中止循环，格式如下：

```
标号：
for(;;){
    中止标号；
}
```

具体实现见 Main.java 程序。

4.3.1　子任务 1　串的基本操作和算法

1．串的操作菜单

本学习情境创建的串操作菜单如下：

```
★☆★☆★☆★☆★☆★☆★★☆★
    =====串的操作菜单=====
★☆★☆★☆★☆★☆★☆★★☆★
1-赋值　2-显示　3-判断串是否相等　4-求串的长度　5-截取字符串　6-连接串　7-插入
8-删除　9-字母大小写转换　0-退出
请选择：
```

2. 串操作的基本算法

串操作的基本算法采用 Java 系统的 String 字符串的功能实现，难度不大，所以只给出中文描述算法，程序语言描述可以直接参考程序的实现。

(1) 赋值。

中文描述算法：

　　使用 Scanner 键盘输入任意字符串

　　赋值给串

(2) 显示串的内容。

中文描述算法：

　　串不为空

　　　　使用系统的输出功能输出串

(3) 判断串是否相等。

中文描述算法：

　　如果两个串不为空

　　　　如果两个串相同

　　　　　　输出"两个串相等"

　　　　否则

　　　　　　输出"两个串不相等"

　　否则

　　　　输出"串还没赋值"

(4) 求串的长度。

中文描述算法：

　　如果串不空

　　　　调用串长度的方法

　　　　输出串的长度

　　否则

　　　　输出"串还没赋值"

(5) 截取字符串。

截取字符串操作示意图如图 4-3 所示。

中文描述算法：

　　如果串非空

　　　　提示串的实际长度

输入截取开始位置 i

输入截取结束位置 j

如果开始和结束位置合法

　　调用截取方法截取子字符串

否则

　　提示截取位置出错

否则

提示串还没赋值

图 4-3　截取子串的操作

(6) 连接串。

连接串操作示意图如图 4-4 所示。

中文描述算法：

如果两个串都非空

　　调用字符串连接方法

否则

　　提示串还没赋值

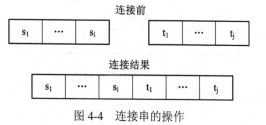

图 4-4　连接串的操作

(7) 插入。

插入操作示意图如图 4-5 所示。

中文描述算法：

如果串非空

　　输入要插入的位置

　　输入要插入的串

　　截取插入位置前的子串

　　连接插入的串

　　连接插入位置后的串

否则

　　提示串还没赋值

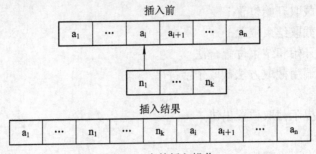

图 4-5　串的插入操作

(8) 删除。

删除操作示意图如图 4-6 所示。

中文描述算法：

  如果串非空

    输入删除开始位置

    输入要删除的位数

    截取删除位置前的子串

    连接删除位置后的子串

  否则

    提示串还没赋值

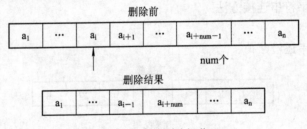

图 4-6　串的删除操作

(9) 字母大小写转换。

中文描述算法：

  输入任意字符串

  调用大写转换的方法并输出

  调用小写转换的方法并输出

4.3.2　子任务 2　创建主程序菜单

  创建本学习情境的包，包名为 ch4String，在该包下创建主程序 Main.java，构建串操作主程序的菜单；接着在包中再创建串操作程序 Chuan.java 文件，按串的算法创建各方法。与线性表操作的程序实现一样，创建一个操作方法就到主程序调用并调试、运行程序。编写程序一定要分块进行，把程序的错误控制在可调试的范围内，千万不可把主程序和串操作程序的代码都输入后才调试，那会出现几十个错误，甚至几百个错误，那样是难于调试和查错的。

由于有了前面的程序实现操作基础，因而不再占用篇幅讲解，直接给出程序代码。

1．串的主程序 Main.java 完整程序代码

```java
package ch4String;

import java.util.Scanner;

public class Main {

    public static void main(String[] args) {
        Scanner Choose = new Scanner(System.in);
        Chuan chuan = new Chuan();
        try {
            Text1:
            for (;;) {
                System.out.println("\n★☆★☆★☆★☆★☆★☆★★☆★");
                System.out.println("     =====串的操作菜单=====");
                System.out.println("★☆★☆★☆★☆★☆★☆★★☆★");
                System.out.print("1-赋值   2-显示   3-判断串是否相等   ");
                System.out.print("4-求串的长度   5-截取字符串   6-连接串   ");
                System.out.print("7-插入   8-删除   9-字母大小写转换   0-退出\n");

                System.out.println("\n 请选择: ");
                int choose = Choose.nextInt();
                switch (choose) //开始菜单选择
                {
                    case 1:   //赋值
                        chuan.FuZhi();
                        break;
                    case 2:   //显示
                        chuan.XianShi();
                        break;
                    case 3:   //判断串是否相等
                        chuan.PanDuan();
                        break;
                    case 4:   //求串的长度
                        chuan.ChangDu();
                        break;
                    case 5:   //截取字符串
                        chuan.JieQu();
```

```
                                break;
                        case 6:   //连接串
                            chuan.LianJie();
                            break;
                        case 7:   //插入
                            chuan.Charu();
                            break;
                        case 8:   //删除
                            chuan.ShanChu();
                            break;
                        case 9:   //大小写转换
                            chuan.ZhuanHuan();
                            break;
                        case 0: //退出
                        {
                            chuan.TuiChu();
                            break Text1;
                        }
                        default:
                            System.out.println("输入错误!请重新输入.");
                    }
                }
            } catch (Exception ex) {
                System.out.print("您输入了非法字符!系统自动结束." + ex.toString());
            }
        }
    }
```

2. 串的操作 Chuan.java 完整程序代码

```java
package ch4String;

import java.util.Scanner;

public class Chuan {

    Scanner input = new Scanner(System.in);
    String ChuanS;//串 S
    String ChuanT;//串 T
    String ChuanR;//串 R
    String ChuanL;//连接串 L
```

```
public void FuZhi() {    //赋值
    System.out.print("请输入串 S: ");    //输入串 S
    ChuanS = input.next();
    System.out.print("请输入串 T: ");    //输入串 T
    ChuanT = input.next();
    System.out.println("赋值成功!");
}

public void XianShi() {    //显示串
    if (ChuanS != null) {
        System.out.println("串 S 的值为:" + ChuanS);
    } else if (ChuanS == null) {
        System.out.println("串 S 还没有赋值");
    }
    if (ChuanT != null) {
        System.out.println("串 T 的值为:" + ChuanT);
    } else if (ChuanT == null) {
        System.out.println("串 T 还没有赋值");
    }
    if (ChuanR != null) {
        System.out.println("串 R 的值为:" + ChuanR);
    }
    if (ChuanL != null) {
        System.out.println("串 L 的值为:" + ChuanL);
    }
}

public void PanDuan() {    //判断是否相等
    if (ChuanS != null && ChuanT != null) {
        if (ChuanS.equals(ChuanT)) {
            System.out.println("串 S 与串 T 的值相等.");
        } else {
            System.out.println("串 S 与串 T 的值不相等.");
        }
        if (ChuanS.length() == ChuanT.length()) {
            System.out.println("串 S 与串 T 的长度相等.");
        } else {
            System.out.println("串 S 与串 T 的长度不相等.");
```

```java
        }
    } else {
        System.out.println("串 S 或串 T 还没有赋值");
    }
}


public void ChangDu() {    //求串的长度
    if (ChuanS != null) {
        System.out.println("串 S 的长度为:" + ChuanS.length());
    } else if (ChuanS == null) {
        System.out.println("串 S 还没有赋值");
    }
    if (ChuanT != null) {
        System.out.println("串 T 的长度为:" + ChuanT.length());
    } else if (ChuanT == null) {
        System.out.println("串 T 还没有赋值");
    }
}


public void JieQu() {    //截取字符串
    if (ChuanS != null) {
        System.out.println("串 S 共有: " + ChuanS.length() + " 位");
        System.out.print("请输入要从串 S 第几位开始截取:");
        int beginIndex = input.nextInt();
        System.out.print("请输入要截取到第几位:");
        int endIndex = input.nextInt();
        if (beginIndex < ChuanS.length() && endIndex <= ChuanS.length()) {
            ChuanR = ChuanS.substring(beginIndex - 1, endIndex);
            System.out.println("截取成功! 截取的结果是： " + ChuanR);
        } else {
            System.out.print("输入的截取位置超出范围");
        }
    } else {
        System.out.println("串 T 还没有赋值.");
    }
}


public void LianJie() {    //连接串 S 和串 T
    if (ChuanS != null && ChuanT != null) {
```

```
            ChuanL = ChuanS.concat(ChuanT.toString());
            System.out.println("连接成功!连接串 L 为:" + ChuanL);
        } else {
            System.out.println("串 S 或串 T 还没有赋值");
        }
    }


    public void Charu() {    //插入
        if (ChuanS != null) {
            System.out.print("请输入要在串 S(长度为" + ChuanS.length() + ")中插入的位置:");
            int num = input.nextInt();
            System.out.print("请输入插入串的值:");
            String ChuanC = input.next();
            ChuanS=ChuanS.substring(0,num-1)+ChuanC+
                    ChuanS.replaceAll(ChuanS.substring(0, num-1), "");
            System.out.println("插入成功!插入后串 S 的值为:" + ChuanS);
        } else {
            System.out.println("串 S 还没有赋值");
        }
    }


    public void ShanChu() {    //删除
        if (ChuanS != null) {
            System.out.print("请输入在串 S 中要从第几位开始删除:");
            int i = input.nextInt();
            System.out.print("请输入要删除的位数:");
            int num = input.nextInt();
            ChuanS = ChuanS.substring(0, i - 1)+
ChuanS.replaceAll(ChuanS.substring(0, i + num - 1), "");
            System.out.println("删除成功!删除后串 S 的值为:" + ChuanS);
        } else {
            System.out.println("串 S 还没有赋值");
        }
    }


    public void ZhuanHuan() {    //大小写转换
        System.out.print("请输入一个字符串(可以大小写混合)：");
        String ChuanDX = input.next();
        System.out.println("转换为大写为：" + ChuanDX.toUpperCase());
```

```
        System.out.println("转换为小写为：: " + ChuanDX.toLowerCase());
    }

    public void TuiChu() {    //退出
        System.out.print("\n\n 感谢您的使用!再见!");
    }
}
```

课后任务

1. 学习串，模仿或按照教程中的程序代码，构建串的程序实现。

2. 运行自己完成的串程序实现，并进行测试，以帮助理解本学习情境的数据结构和算法内容。

3. 对串中程序实现的不完善之处进行改进，或者写出更好的、创新的程序实现。

预习任务

请预习下一个学习情境：树和二叉树。

学习情境 5 树和二叉树

现实生活中和软件设计中的许多关系表现为树的形式，如家族成员关系、一个单位的组成结构等。这些结构形势的共同特点是具有明显的层次特点，并且其中的每个数据最多只有一个前驱和若干个后继，因而可抽象表示为本学习情境的树状结构。

与线性表不同，树结构是一种非线性结构。树结构中的各子结构与整个结构具有相似的特性，因而其算法可以采用递归形式或非递归形式。本情境学习树结构的基本概念和术语，二叉树的基本概念、性质和存储结构，重点介绍二叉树的遍历这一基本算法及其图形界面操作实现，最后学习哈夫曼树编码及其程序实现。

本学习情境是数据结构课程的重点之一，主要研究非线性的树结构及其应用，重点是二叉树的定义、性质、遍历方式、存储结构、非递归及递归算法实现。

5.1 任务一 认识树

5.1.1 子任务 1 树的基础知识

1. 什么是树

树是数据节点之间具有层次关系的非线性结构。在树结构中，除根以外的节点只有一个直接前驱节点，可以有零至多个直接后继节点。

树结构从自然界中的树抽象而来，有树根、从根发源的类似枝权的分支关系和作为分支终点的叶子等。Windows 操作系统的磁盘文件系统结构、生活中所见的家谱等，虽然表现形式各异，但都可以使用树结构处理，如图 5-1 及图 5-2 所示。

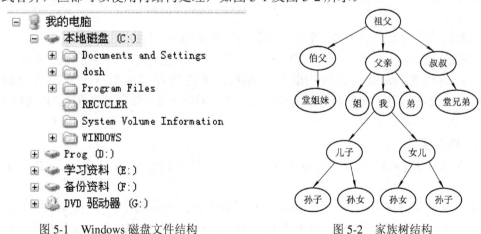

图 5-1 Windows 磁盘文件结构   图 5-2 家族树结构

2. 定义树(tree)

树是由 n(n≥0)个节点组成的有限集合，记为 T，树中的数据通常称为节点。

n=0 的树称为空树；n>0 的树 T：

(1) 有一个特殊的节点称为根(root)节点，它只有后继节点，没有前驱节点。

(2) 除根节点外的其他节点分为 m(m≥0)个相互相交的集合 $T_0, T_1, \cdots, T_{m-1}$,其中每个集合 $T_i(0 \leq i \leq m)$本身又是一棵树，称为根的子树(subtree)。

如图 5-3 所示，树 T 有 7 个节点，A 为树根，B 为 A 的一棵子树，C 为 A 的另一棵子树。

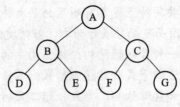

图 5-3 树 T

上面树的定义是递归的。节点是树的基本单位，若干个节点组成一棵树，若干棵互不相交的子树组成一棵树。树中每个节点都是该树中某一棵树的根。因此，树是由节点组成的、节点之间具有层次关系的非线性结构。

5.1.2 子任务 2 学习树的术语

1. 空树

没有任何节点的树称为空树，即 T = null；只有 1 个节点的树，该节点就是树的根；一般情况下树具有 n 个节点。

2. 父节点(双亲)、孩子与兄弟节点

节点的前驱节点称为父节点或双亲节点(parent)，一棵树中，根节点没有双亲节点，其他节点有且仅有一个父节点(双亲节点)。

节点的后继节点称为该节点的孩子节点(child)。

如图 5-3 所示，根节点 A 没有双亲节点，A 是 B、C 的双亲节点，B、C 是 A 的孩子节点。

拥有同一个双亲节点的多个节点之间称为兄弟(sibling)节点。

如图 5-3 所示，B、C 是兄弟，D、E 是兄弟，F、G 也是兄弟，但是 E 和 F 不是兄弟。

节点的祖先(ancestor)是指从根节点到双亲节点所经过的所有节点。节点的后代(descendant)是指该节点的所有孩子节点，以及孩子的孩子等。如图 5-3 所示，E 的祖先是 B 和 A，E 是 A 和 B 的后代。

3. 树的度

节点的度(degree)是节点所拥有子树的棵数。如图 5-3 所示，A 的度是 2，D 和 E 的度是 0。

度为 0 的节点称为叶子节点(leaf)，又叫终端节点；树中除叶子节点之外的其他节点称为分支节点，又叫非叶节点或非终端节点。如图 5-3 所示，D、E、F 和 G 是叶子节点，B、

C 是分支节点。

树的度是指树中各节点度的最大值。

4. 节点层次和树的高度

节点的层次(level)反映节点处于树中的层次位置。约定根节点的层次为 1，其他节点的层次为其父母节点的层次加 1。显然，兄弟的节点层次相同。如图 5-3 所示，A 的层次为 1，B 的层次为 2，E 的层次为 3。E 与 F 不是兄弟，称为同一层上的节点。

树的高度(height)或深度(depth)是树中节点的最大层次数。如图 5-3 所示，树的高度为 3。

5. 边和路径

设树中 A 节点是 B 节点的父节点，有序对(A，B)称为连接这两个节点的分支，也称为边(edge)。如图 5-3 所示，A、B 节点之间的边是(A，B)。

设(X_0，X_1，…，X_{k-1})是由树中节点组成的一个序列，且(X_i, X_{i+1}) ($0 \leq i < k-1$)都是树中的边，则该序列称为从 X_0 到 X_{k-1} 的一条路径(path)。路径长度(path length)为路径上边的数值。如图 5-3 所示，从 A 到 D 的路径是(A，B，D)，路径长度为 2 。

6. 无序树和有序树

在树的定义中，节点的子树 T_0，T_1，…，T_{m-1} 之间没有次序，可以交换位置，称为无序树，简称树。如果节点的子树 T_0，T_1，…，T_{m-1} 从左到右是有序树，不能交换位置，则称该数为有序树(ordered tree)。

7. 森林

森林(forest)是 m(m≥0)棵互不相交的树的集合。给森林中各树加上一个根节点就变成一棵树，如果把树的根节点删除或其中若干节点删除也可以变成森林。森林如图 5-4 所示。

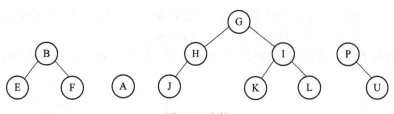

图 5-4   森林

5.1.3   子任务 3   树的表示

1. 图示法

图 5-5 所示是一棵树的图形表示，其中每个节点用一个椭圆或圆表示，节点的数据标注在圈内。

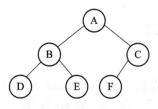

图 5-5   树的图形表示法

2．嵌套集合表示法

树采用嵌套集合表示法，如图 5-6 所示，类似于地形图的表示形式。很显然，这种表示形式难以清晰地表示层次数较多的树结构。图 5-5 的树用嵌套集合表示法表示，结果如图 5-6 所示。

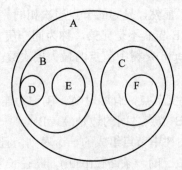

图 5-6　树的嵌套集合表示法

3．凹入表表示法

这种表示方法类似于本书中的目录形式，图 5-5 中的树用凹入表表示，结果如图 5-7 所示。

图 5-7　树的凹入表表示法

4．广义表表示法

广义表表示法是指某节点后圆括号( )中的数据是该节点的子树，括号中允许多层嵌套。图 5-5 中树的广义表表示形式为(A(B(D，E)，C(F)))。

上述几种树的表示方法中，图形表示形式直观、清晰，因此，在本教程中将此作为主要的表示形式。

5.2　任务二　二叉树

二叉树是树状结构的一个重要形式，其结构形式简单且固定，运算算法较为直观。一般的树结构可转换为二叉树形式，因而可借助二叉树的运算来实现树结构的运算。二叉树是本学习情境的重点，理解其概念、性质、存储结构和算法，并实现有关算法及操作是最基本的要求。

5.2.1　子任务 1　认识二叉树

1．定义二叉树(binary tree)

二叉树是 n(n≥0)个节点组成的有限集合，n=0 时称为空二叉树；n>0 时，二叉树由一个根节点和两棵互不相交、分别称为左子树和右子树的子二叉树构成。二叉树定义也是递归的。在树中定义的度、层次等术语，同样适用于二叉树。

二叉树的节点最多只有两棵树，所以二叉树的度最多为 2。二叉树的子树有左、右之分，即使只有一个子树也要区分是左子树还是右子树。

2．二叉树的基本形态

二叉树有五种基本形态(如图 5-8 所示)：

(1) 空二叉树，见图 5-8(a)。

(2) 只有一个根节点的二叉树，见图 5-8(b)。

(3) 由根节点、非空的左子树和空的右子树组成的二叉树，见图 5-8(c)。

(4) 由根节点、空的左子树和非空的右子树组成的二叉树，见图 5-8(d)。

(5) 由根节点、非空的左子树和非空的右子树组成的二叉树，见图 5-8(e)。

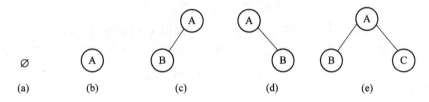

图 5-8　二叉树五种基本形态

5.2.2　子任务 2　二叉树的基本性质

二叉树的性质是二叉树的重要内容，理解二叉树的性质有助于相关内容的学习。下面介绍二叉树的 5 个性质，并给出证明。

性质 1：若根节点的层次为 1，则二叉树第 i 层最多有 $2^{i-1}(i \geqslant 1)$ 个节点。

证明：采用归纳法。

(1) 第一层是根，i=1，该层有唯一的节点(根)，故 $2^{i-1}=2^0=1$，命题成立；

(2) 设第 i−1 层最多有 2^{i-1-1} 个节点，由于二叉树中每个节点的度最多为 2，因此第 i 层最多有 $2 \times 2^{i-2} = 2^{i-1}$ 个节点。

性质 2：在高度为 k 的二叉树中，最多有 2^{k-1} 个节点(k≥0)。

证明：由性质 1 可知，在高度为 k 的二叉树中，节点树最多为 $2^0 + 2^1 + \cdots + 2^{k-1} = 2^k - 1$。

性质 3：设一棵二叉树的叶子节点数为 n_0，度为 2 的节点数为 n_2，则 $n_0 = n_2 + 1$。

证明：设二叉树节点数为 n，度为 1 的节点数为 n_1，则有

$$n = n_0 + n_1 + n_2$$

因度为 1 的节点有 1 个孩子，度为 2 的节点有 2 个孩子，叶子节点没有孩子，根节点不是任何节点的子女，所以二叉树的节点总数又可表示为

$$n = 0 \times n_0 + 1 \times n_1 + 2 \times n_2 + 1$$

综合上述两式，可得 $n_0 = n_2 + 1$。

一棵高度为 k 的满二叉树(full binary tree)是具有 $2^k - 1(k>0)$ 个节点的二叉树。从定义可知，满二叉树中每一层的节点数目都达到最大值。对满二叉树的节点进行编号，如图 5-9(a)所示。

一棵具有 n 个节点、高度为 k 的二叉树，如果它的每个节点都与高度为 k 的满二叉树

中序号为 0 至 n–1 的节点一一对应，则称这棵二叉树为完全二叉树(complete binary tree)，如图 5-9(b)所示。

满二叉树是完全二叉树，而完全二叉树不一定是满二叉树。完全二叉树在第 1 至 k–1 层是满二叉树，第 k 层不满，并且该层所有节点都必须集中在该层左边的若干位置上。图 5-9(c)则不是一棵完全二叉树。

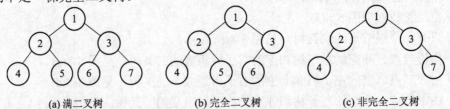

(a) 满二叉树　　　　　　　　　(b) 完全二叉树　　　　　　　　(c) 非完全二叉树

图 5-9　满二叉树与完全二叉树

性质 4：一棵具有 n 个节点的完全二叉树，其高度 k = int(lb n) + 1。

证明：由性质 2 和完全二叉树的定义可知，一棵有 n 个节点、高度为 k 的完全二叉树有

$$2^{k-1} - 1 < n \leqslant 2^k - 1$$

对不等式移项并求对数，有

$$k - 1 < lb(n + 1) \leqslant k$$

由于二叉树的高度 k 只能是整数，所以取 k = int(lb n) + 1。

性质 5：一棵具有 n 个节点的完全二叉树，对序号为 i(0<i≤n)的节点：

(1) 若 i=1，则 i 为根节点，无父母节点；

(2) 若 i>1，则 i 的父母节点序号为 int((i−1)/2)；

(3) 若 2i≤n，则 i 的左孩子节点序号为 2i，否则 i 无左孩子；

(4) 若 2i+1≤n，则 i 的右孩子节点序号为 2i+1，否则 i 无右孩子。

证明：在图 5-9(b)中，i=1 时为根节点 1，其左孩子节点 2 的序号为 2i−1=2，右孩子节点的序号为 2i + 1 = 3，其他类推。

5.2.3　子任务 3　二叉树的存储结构

与线性结构类似，二叉数的存储结构也可采用顺序存储结构和链式存储结构两种存储方式，下面讨论这两种存储方式。

1. 顺序存储结构

在采用顺序结构存储二叉树时，不仅要能将节点的值存储起来，同时还要能体现节点间的关系，即父子关系及兄弟关系，否则便没有意义。如果简单地将所有节点的值"挤"在数组的前 n 个数据中，则不能体现出相互的关系。采用的存储方式是按完全二叉树的编号次序进行的，即编号为 i 的节点存储在数组中下标为 i 的数据中。这样，由性质 5 可知，其左孩子节点在数组中的数据的下标为 2i，右孩子节点的下标为 2i+1，其父节点的下标为 int(i/2)。图 5-3 的树可以用图 5-10 所示的二叉数的顺序存储结构进行存储。

1	2	3	4	5	6	7
A	B	C	D	E	F	G

图 5-10　二叉数的顺序存储结构

然而，这种方法存在一个问题：若二叉树不是完全二叉树形式，则为了保持节点之间的关系，不得不空出许多数据来，这就造成了空间的浪费。极端情况下，仅有 n 个节点的二叉树，却需要 2n−1 个数据存储空间，这显然是不能接受的。为此，要求存储结构还要能合理地利用空间，即依据实际节点数来分配存储空间。这就需要链式存储结构。

2. 二叉树链式存储结构

在二叉树链式存储结构中，每个节点应包括存储点值的数据部分及指向两个孩子的指针，可以设为 data、lchild 和 rchild，其结构如图 5-11(a)所示。

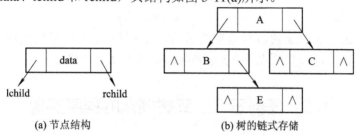

(a) 节点结构   (b) 树的链式存储

图 5-11 二叉数的链式存储结构

在用这样的节点所构造的链表中，每个节点有两个指针，分别指向其左右孩子节点，因而称这样的链表为二叉链表。图 5-11(b)为一棵二叉树及对应的二叉链表。

对于一个二叉链表，如果给出其根指针，即可由此出发搜索到其余各节点，因此，常用根指针作为二叉链表的名称。二叉树(链表)的根指针为 T，因而可称为二叉树 T 或二叉链表 T。

本学习情境的二叉树程序实现采用链式存储结构。

3. 二叉树的遍历

二叉树的遍历(traverse)是按照一定规则和次序访问二叉树中的所有节点，并且每个节点仅被访问一次。虽然二叉树是非线性结构，但对二叉树的一次遍历仍然是线性次序。

(1) 如图 5-12(a)所示的 3 个数据 LDR，共有 6 种排列 DLR、LDR、LRD、RLD、RDL、DRL。观察上述序列可知，前三个序列与后三个序列的次序正好相反。前三个序列的共同特点是，L 在 R 之前，即先遍历左子树，后遍历右子树。

(2) 二叉树的三种次序遍历规则。

由于先遍历左子树还是右子树在算法设计上没有本质区别，因此一般都约定遍历子树的次序是先左后右，则二叉树的遍历有三种次序，分别称为先序遍历、中序遍历和后序遍历，也称为先根次序、中根次序和后根次序三种遍历。这三种遍历的顺序如下：

① 先根次序：访问根节点，遍历左子树，遍历右子树。

② 中根次序：遍历左子树，访问根节点，遍历右子树。

③ 后根次序：遍历左子树，遍历右子树，访问根节点。

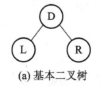

先序遍历结果：DLR
中序遍历结果：LDR
后序遍历结果：LRD

(a) 基本二叉树   (b) 遍历结果

图 5-12 基本二叉树遍历

(3) 图 5-13 是一个普通二叉树及其三种遍历结果。

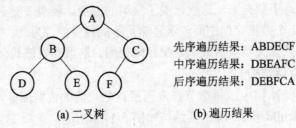

先序遍历结果：ABDECF
中序遍历结果：DBEAFC
后序遍历结果：DEBFCA

(a) 二叉树　　　　　　　(b) 遍历结果

图 5-13　二叉树遍历结果

二叉树遍历运算是二叉树各种运算的基础。真正理解这一运算的实现及其含义有助于许多二叉树运算的实现及算法设计。其程序实现将在任务三中学习。

5.3　任务三　二叉树操作的程序实现

二叉树存储有顺序存储结构和链式存储结构两种方式，程序实现也有多种。为了更直观地学习和领会二叉树，也进一步提升 Java 编程技能，本任务采用图形界面展示二叉树的实现结果。程序内容包括构建二叉树，递归算法和非递归算法实现先序遍历、中序遍历和后序遍历三种遍历算法。Java 程序实现的界面如图 5-14 所示。

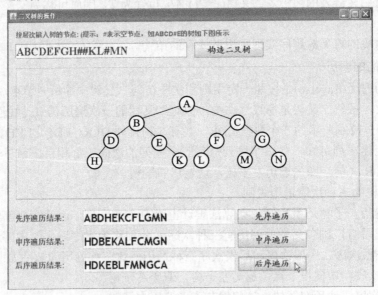

图 5-14　二叉树操作程序实现界面

5.3.1　子任务 1　构造二叉树的程序实现框架

首先创建包，包名为 ch5Tree。

1. 构造二叉树节点的结构类

因为采用链式存储结构来实现，所以二叉树的节点要包含存储数据 data、左子树的指针 lchild 和右子树指针 rchild。

在包 ch5Tree 中创建类 BiTreeNode.java，完整的程序代码如下：

```java
package ch5Tree;

public class BiTreeNode {                    //二叉树节点

    public String data;                      //二叉树节点的值
    public BiTreeNode lchild;                //二叉树的左孩子
    public BiTreeNode rchild;                //二叉树的右孩子
}
```

2. 构造二叉树节点的图形类

在包 ch5Tree 中创建类 BiTreeNodeMap.java，完整的程序代码如下：

```java
package ch5Tree;

public class BiTreeNodeMap {                 //节点圆圈图

    int x;                                   //节点直角坐标 x
    int y;                                   //节点直角坐标 y
    String data;                             //节点的数据
}
```

3. 构造二叉树实现代码框架

在包 ch5Tree 中创建类 BiTreeFrame.java，初步程序代码如下(注意：详细的程序实现将在"子任务 2　二叉树算法的程序实现"中讲解)：

```java
package ch5Tree;

import javax.swing.JFrame;

public class BiTreeFrame extends JFrame {    //二叉树操作窗体类，继承 JFrame

}

class BiTree_Panel extends JPanel {          //画二叉树的面板类，继承 JPanel

}
```

4. 构造主程序

在包 ch5Tree 中创建主程序类 BiTreeMain.java，完整的程序代码如下：

```java
package ch5Tree;

import javax.swing.JFrame;
```

```
public class BiTreeMain {

    public static void main(String[] args) {
        BiTreeFrame tree = new BiTreeFrame ( );          //调用 tree 类
        //退出应用程序，关闭窗口
        tree.setDefaultCloseOperation(JFrame.EXIT_ON_CLOSE);
        tree.setVisible(true);                           //启动可视化界面
    }
}
```

至此可以编译运行主程序，如果没有错误，会出现一个空的界面窗口，只能点击关闭按钮退出，因为还没有编写具体的组件和操作实现代码。接下来进入下一个子任务，即"子任务2　二叉树算法的程序实现"。

5.3.2　子任务2　二叉树算法的程序实现

二叉树的节点系列输入，二叉树的构造，二叉树的图形显示，二叉先序遍历、中序遍历和后序遍历的算法，以及结果显示，都是在 BiTreeFrame.java 中实现的，代码共有 543 行，对已经完成前几个学习情境的学习者而言，代码量属中等。为了帮助学习和理解，基本每行代码都进行注释，如果能参照代码自己完成，则学习数据结构的二叉树和 Java 程序编写技能必将有极大的提高。

1．二叉树程序画图实现的方法和操作步骤

根据二叉树窗口中显示的内容，按照从上到下、从左到右的顺序实现各组件：

(1) 在创建过程中遇到需要导入 3～18 行代码时，可由系统自动导入，不必手工键入。

(2) 在类 BiTree_Panel 之中完成"画二叉树的面板"类的代码，详见 472～543 行。

(3) 回到 BiTreeFrame 类中，后续所有操作都在 BiTreeFrame 类中编写代码。

声明二叉树、创建二叉树节点，详见 22～23 行。按操作界面从上到下的顺序声明各组件，详见 25～42 行。

(4) 设置画二叉树面板的方法 bitree_panel( )，详见 111～119 行。

(5) 设置输入文本框，详见 121～130 行。

(6) 检查输入二叉树节点系列的合法性 check(String str)，详见 297～311 行。

(7) 构建二叉树 createBiTree(BiTreeNode tree, String str_tree)，详见 313～339 行。

(8) 计算二叉树的深度，详见 460～469 行。

(9) 设置"创建二叉树"按钮，详见 177～214 行。

(10) 面板生成方法，装载各标签、文本框和按钮等，详见 61～109 行。注意此时，三个遍历结果的文本框和三个遍历按钮还没构造，所以 83～88 行要先注释或不要输入。

(11) 编写初始化界面方法 initialize()和 BiTreeFrame 默认构造器，详见 45～59 行。

至此，二叉树的图形显示已能正常工作，在输入文本框中输入二叉树的节点系列，如"abcdef"然后点击"构造二叉树"按钮，就可以看到生成一棵二叉树，见图 5-15。

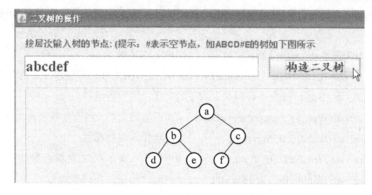

图 5-15 构造二叉树界面

2. 遍历二叉树的实现方法和操作步骤

在完成上述二叉树后，可以继续编写遍历生成的二叉树算法，并将遍历结果显示在相应的文本框中。

(1) 设置先序遍历结果文本框 Jtf_preJOrder( )，详见 132～145 行。

(2) 编写先序遍历二叉树算法 preOrder(BiTreeNode tree)，详见 341～367 行。

(3) 编写"先序遍历"按钮 Jbt_preOrder( )及事件处理代码，详见 216～241 行。

完成先序遍历的处理后，类似地，完成中序遍历和后序遍历，如图 5-14 下半部分所示。至此，二叉树操作程序实现全部完成。

3. 二叉树 BiTreeFrame.java 完整代码

```
001    package ch5Tree;

002

003    import java.awt.Color;

004    import java.awt.Font;

005    import java.awt.Graphics;

006    import java.awt.Graphics2D;

007    import javax.swing.BorderFactory;

008    import javax.swing.JOptionPane;

009    import javax.swing.JPanel;

010    import javax.swing.JFrame;

011    import javax.swing.JTextField;

012    import java.awt.Rectangle;

013    import java.awt.event.ActionEvent;

014    import java.awt.event.ActionListener;

015    import java.awt.geom.Ellipse2D;

016    import javax.swing.JButton;

017    import javax.swing.JLabel;

018    import javax.swing.border.EtchedBorder;

019    //二叉树操作窗体类
```

```
020    public class BiTreeFrame extends JFrame {//二叉树操作窗体类，继承 JFrame
021
022        BiTreeNode tree = null;                    //声明二叉树
023        private BiTreeNode[] bitreenode = new BiTreeNode[50];    //创建二叉树节点
024    //以下 18 行，按操作界面从上到下的顺序，声明各组件
025        private JPanel jContentPanel = null;       //声明容器面板，用于装载所有二叉树操作组件
026        private JLabel jlbl_in = null;             //声明输入说明标签
027        private JTextField jtf_in = null;          //声明输入文本框(二叉树数据)
028        private JButton jbt_create = null;         //声明"构造二叉树"按钮
029        private String str_tree = "ABCD#E";        //声明二叉树的节点数据串，初始值用于启动时画树
030        int depth = 3;                             //二叉树深度，初始二叉树"ABCD#E"的深度为 3
031        private String str_order;                  //声明遍历结果字符串
032    //调用构建显示二叉树面板的构造方法，画二叉树的图形
033        private BiTree_Panel bitree_panel = new BiTree_Panel(depth, str_tree);
034        private JLabel jlbl_preOrder = null;               //声明"先序遍历结果"标签
035        private JLabel jlbl_inOrder = null;                //声明"中序遍历结果"标签
036        private JLabel jlbl_postOrder = null;              //声明"后序遍历结果"标签
037        private JTextField jtf_preOrder = null;            //声明"先序遍历结果"文本框
038        private JTextField jtf_inOrder = null;             //声明"中序遍历结果"文本框
039        private JTextField jtf_postOrder = null;           //声明"后序遍历结果"文本框
040        private JButton jbt_preOrder = null;               //声明"先序遍历"按钮
041        private JButton jbt_inOrder = null;                //声明"中序遍历"按钮
042        private JButton jbt_postOrder = null;              //声明"后序遍历"按钮
043
044    //默认构造器
045        public BiTreeFrame() {
046            super();                               //调用父类
047            initialize();                          //调用初始化界面方法 initialize()
048            jContentPanel.add(bitree_panel(), null);    //加入画二叉树面板
049            jContentPanel.repaint();               //重画
050        }
051
052    //初始化界面方法 initialize()
053        private void initialize() {
054            this.setSize(800, 600);                //设置操作窗体大小
055            //调用面板生成方法，并把面板显示在 frame 上
056            this.setContentPane(JContentPanel());
057            this.setTitle("树的可视化");            //设置操作窗体标题
058            this.setLocation(100, 100);            //设置操作窗体在屏幕中的位置坐标(x,y)
```

```
059        }
060
061        //面板生成方法，装载各标签、文本框和按钮等
062        private JPanel JContentPanel() {
063            if (jContentPanel == null) {
064                //以下 7 行创建"输入说明标签"，并设置相应属性
065                jlbl_in = new JLabel();                              //创建输入说明标签
066                //设置标签在容器中的坐标、宽度和高度（x,y,宽,高）
067                jlbl_in.setBounds(new Rectangle(16, 10, 500, 32));
068                //设置标签的字体风格、大小
069                jlbl_in.setFont(new Font("\u5e7c\u5706", Font.BOLD, 14));
070                jlbl_in.setForeground(new Color(0, 51, 204));        //设置标签的字体颜色
071                jlbl_in.setText("按层次输入树的节点: (提示：#表示空节点，"
072                        + "如 ABCD#E 的树如下图所示"));              //设置标签显示的文字
073                //以下 5 行创建"先序遍历结果"标签，与其类似，不一一注释
074                jlbl_preOrder = new JLabel();
075                jlbl_preOrder.setBounds(new Rectangle(15, 400, 147, 32));
076                jlbl_preOrder.setFont(new Font("\u5e7c\u5706", Font.BOLD, 16));
077                jlbl_preOrder.setForeground(new Color(255, 0, 153));
078                jlbl_preOrder.setText("先序遍历结果:");
079                //以下 5 行创建"中序遍历结果"标签，与其类似，不一一注释
080                jlbl_inOrder = new JLabel();
081                jlbl_inOrder.setBounds(new Rectangle(15, 450, 147, 32));
082                jlbl_inOrder.setFont(new Font("\u5e7c\u5706", Font.BOLD, 16));
083                jlbl_inOrder.setForeground(new Color(255, 0, 153));
084                jlbl_inOrder.setText("中序遍历结果:");
085                //以下 5 行创建"后序遍历结果"标签，与其类似，不一一注释
086                jlbl_postOrder = new JLabel();
087                jlbl_postOrder.setBounds(new Rectangle(15, 500, 147, 32));
088                jlbl_postOrder.setFont(new Font("\u5e7c\u5706", Font.BOLD, 16));
089                jlbl_postOrder.setForeground(new Color(255, 0, 153));
090                jlbl_postOrder.setText("后序遍历结果:");
091                //以下 2 行，创建面板、设置布局管理器
092                jContentPanel = new JPanel();                        //创建面板
093                jContentPanel.setLayout(null);                       //设置布局管理器
094                //以下 12 行在面板中加入各标签、文本框和按钮
095                jContentPanel.add(jlbl_in, null);                    //加入输入提示说明标签
096                jContentPanel.add(Jtf_in(), null);                   //加入输入文本框
097                jContentPanel.add(Jbt_create(), null);               //加入创建按钮
```

```
098        jContentPanel.add(jlbl_preOrder, null);        //加入"先序遍历结果"标签
099        jContentPanel.add(jlbl_inOrder, null);         //加入"中序遍历结果"标签
100        jContentPanel.add(jlbl_postOrder, null);       //加入"后序遍历结果"标签
101        jContentPanel.add(Jtf_preOrder(), null);       //加入"先序遍历结果"文本框
102        jContentPanel.add(Jtf_inOrder(), null);        //加入"中序遍历结果"文本框
103        jContentPanel.add(Jtf_postOrder(), null);      //加入"后序遍历结果"文本框
104        jContentPanel.add(Jbt_preOrder(), null);       //加入"先序遍历结果"按钮
105        jContentPanel.add(Jbt_inOrder(), null);        //加入"中序遍历结果"按钮
106        jContentPanel.add(Jbt_postOrder(), null);      //加入"后序遍历结果"按钮
107    }
108    return jContentPanel;
109 }
110
111 //设置画二叉树面板方法
112 private BiTree_Panel bitree_panel() {
113    bitree_panel.depth = depth;        //设置二叉树高度
114    bitree_panel.str_tree = str_tree;  //设置二叉树的节点数据串,如果 ABCD#E, #为空
115    //则设置画二叉树面板的位置及大小, 边框设置
116    bitree_panel.setBounds(new Rectangle(15, 96, 750, 280));
117    bitree_panel.setBorder(BorderFactory.createEtchedBorder(EtchedBorder.RAISED));
118    return bitree_panel;
119 }
120
121 //设置输入文本框
122 private JTextField Jtf_in() {
123    if (jtf_in == null) {              //如果文本框未创建
124        jtf_in = new JTextField();     //则创建文本框
125        //设置文本框的位置、长度、高度; 输入的文字风格大小
126        jtf_in.setBounds(new Rectangle(15, 45, 377, 32));
127        jtf_in.setFont(new Font("宋体", Font.BOLD, 24));
128    }
129    return jtf_in;
130 }
131
132  //设置先序遍历结果文本框
133 private JTextField Jtf_preOrder() {
134    if (jtf_preOrder == null) {        //如果文本框未创建
135        jtf_preOrder = new JTextField(); //则创建文本框
136        //设置文本框的位置、长度、高度; 显示字体颜色; 不可编辑; 组件可见; 背景
            //颜色, 字体字号
```

```
137            jtf_preOrder.setBounds(new Rectangle(164, 400, 330, 32));
138            jtf_preOrder.setForeground(Color.red);
139            jtf_preOrder.setEditable(false);
140            jtf_preOrder.setEnabled(true);
141            jtf_preOrder.setBackground(Color.white);
142            jtf_preOrder.setFont(new Font("Trebuchet MS", Font.BOLD, 24));
143        }
144        return jtf_preOrder;
145    }
146
147    //设置中序遍历结果文本框
148    private JTextField Jtf_inOrder() {
149        if (jtf_inOrder == null) {//如果文本框未创建
150            jtf_inOrder = new JTextField();//创建文本框
151            //设置文本框的位置、长度、高度；显示字体颜色；不可编辑；组件可见；背景
            //颜色，字体字号
152            jtf_inOrder.setBounds(new Rectangle(164, 450, 330, 32));
153            jtf_inOrder.setForeground(Color.red);
154            jtf_inOrder.setEditable(false);
155            jtf_inOrder.setEnabled(true);
156            jtf_inOrder.setBackground(Color.white);
157            jtf_inOrder.setFont(new Font("Trebuchet MS", Font.BOLD, 24));
158        }
159        return jtf_inOrder;
160    }
161
162    //设置后序遍历结果文本框
163    private JTextField Jtf_postOrder() {
164        if (jtf_postOrder == null) {//如果文本框未创建
165            jtf_postOrder = new JTextField();//创建文本框
166            //设置文本框的位置、长度、高度；显示字体颜色；不可编辑；组件可见；背景
            //颜色，字体字号
167            jtf_postOrder.setBounds(new Rectangle(164, 500, 330, 32));
168            jtf_postOrder.setForeground(Color.red);
169            jtf_postOrder.setEditable(false);
170            jtf_postOrder.setEnabled(true);
171            jtf_postOrder.setBackground(Color.white);
172            jtf_postOrder.setFont(new Font("Trebuchet MS", Font.BOLD, 24));
173        }
```

```
174          return jtf_postOrder;
175      }
176
177   // "创建二叉树" 按钮：创建、设置、响应按钮事件
178   private JButton Jbt_create() {
179       if (jbt_create == null) {                    //如果按钮未创建
180           jbt_create = new JButton();              //创建按钮
181           //设置按钮的位置大小，字体风格、颜色、文字说明
182           jbt_create.setBounds(new Rectangle(407, 45, 150, 32));
183           jbt_create.setFont(new Font("\u6977\u4f53_GB2312", Font.BOLD, 18));
184           jbt_create.setForeground(new Color(255, 50, 0));
185           jbt_create.setText("构造二叉树");
186           //以下响应点击按钮事件
187           jbt_create.addActionListener(new ActionListener() {//添加监听器
188
189               @Override //覆盖 actionPerformed 方法
190               public void actionPerformed(ActionEvent e) { //处理按钮事件
191                   try {
192                       String str_in = jtf_in.getText();        //获得文本框数据
193                       if (str_in.equals("")) {                 //如果文本框为空
194                           JOptionPane.showMessageDialog(null, "输入不能为空！");
195                           return;
196                       } else if (check(str_in) == false)       //输入不合法则返回 false
197                       {
198                           JOptionPane.showMessageDialog(null, "输入不合规则！");
199                           return;
200                       }
201                       str_tree = str_in;                       //str_in 如果合法，赋给 str_tree
202                       tree = createBiTree(tree, str_tree);     //创建二叉树
203                       depth = depth(tree);                     //调用计算高度方法
204                       //加入图形框并赋予当前值
205                       jContentPanel.add(bitree_panel(), null);
206                       jContentPanel.repaint();                 //重画面板
207                   } catch (Exception err) { //异常处理，弹出提示对话框
208                       JOptionPane.showMessageDialog(null, "输入有误！");
209                   }
210               }
211           });
212       }
```

```
213         return jbt_create;
214     }
215
216     // "先序遍历" 按钮：创建、设置、响应按钮事件
217     private JButton Jbt_preOrder() {
218         if (jbt_preOrder == null) {              //如果按钮未创建
219             jbt_preOrder = new JButton();        //则创建按钮
220             //设置按钮的位置大小, 字体风格、颜色、文字说明
221             jbt_preOrder.setBounds(new Rectangle(500, 400, 150, 32));
222             jbt_preOrder.setFont(new Font("\u6977\u4f53_GB2312", Font.BOLD, 18));
223             jbt_preOrder.setForeground(new Color(255, 50, 0));
224             jbt_preOrder.setText("先序遍历");
225             //以下响应点击按钮事件
226             jbt_preOrder.addActionListener(new ActionListener() {
227
228                 @Override                        //覆盖 actionPerformed 方法
229                 public void actionPerformed(ActionEvent e) { //处理按钮事件
230                     try {
231                         str_order = "";          //遍历结果字符串
232                         preOrder(tree);          //调用对二叉树进行先序遍历方法
233                         jtf_preOrder.setText(str_order);      //显示先序遍历的结果
234                     } catch (Exception err) {//异常处理，弹出提示对话框
235                         JOptionPane.showMessageDialog(null, "遍历有误！");
236                     }
237                 }
238             });
239         }
240         return jbt_preOrder;
241     }
242
243     // "中序遍历" 按钮：创建、设置、响应按钮事件
244     private JButton Jbt_inOrder() {
245         if (jbt_inOrder == null) {               //如果按钮未创建
246             jbt_inOrder = new JButton();         //则创建按钮
247             //设置按钮的位置大小, 字体风格、颜色、文字说明
248             jbt_inOrder.setBounds(new Rectangle(500, 450, 150, 32));
249             jbt_inOrder.setFont(new Font("\u6977\u4f53_GB2312", Font.BOLD, 18));
250             jbt_inOrder.setForeground(new Color(255, 50, 0));
251             jbt_inOrder.setText("中序遍历");
```

```
252              //以下响应点击按钮事件
253              jbt_inOrder.addActionListener(new ActionListener() {
254
255                      @Override //覆盖 actionPerformed 方法
256                      public void actionPerformed(ActionEvent e) {//处理按钮事件
257                          try {
258                              str_order = "";            //遍历结果字符串
259                              inOrder(tree);            //调用对二叉树进行中序遍历的方法
260                              jtf_inOrder.setText(str_order);//显示中序遍历的结果
261                          } catch (Exception err) {      //异常处理，弹出提示对话框
262                              JOptionPane.showMessageDialog(null, "遍历有误！");
263                          }
264                      }
265              });
266          }
267          return jbt_inOrder;
268      }
269
270      // "后序遍历" 按钮：创建、设置、响应按钮事件
271      private JButton Jbt_postOrder() {
272          if (jbt_postOrder == null) {            //如果按钮未创建
273              jbt_postOrder = new JButton();      //则创建按钮
274              //设置按钮的位置大小，字体风格、颜色、文字说明
275              jbt_postOrder.setBounds(new Rectangle(500, 500, 150, 32));
276              jbt_postOrder.setFont(new Font("\u6977\u4f53_GB2312", Font.BOLD, 18));
277              jbt_postOrder.setForeground(new Color(255, 50, 0));
278              jbt_postOrder.setText("后序遍历");
279              //以下响应点击按钮事件
280              jbt_postOrder.addActionListener(new ActionListener() {
281
282                      @Override //覆盖 actionPerformed 方法
283                      public void actionPerformed(ActionEvent e) {//处理按钮事件
284                          try {
285                              str_order = "";        //遍历结果字符串
286                              postOrder(tree);      //调用对二叉树进行后序遍历方法
287                              jtf_postOrder.setText(str_order);//显示后序遍历的结果
288                          } catch (Exception err) {//异常处理，弹出提示对话框
289                              JOptionPane.showMessageDialog(null, "遍历有误！");
290                          }
```

```
291                    }
292                });
293            }
294            return jbt_postOrder;
295        }
296
297        //检查输入二叉树节点系列的合法性
298        boolean check(String str) {
299            int i;
300            for (i = (str.length() - 1); i >= 0; i--) {
301                String m = String.valueOf(str.charAt(i));        //取出第 i 个节点
302                if (m.equals("#") == false)    //如果该节点为空(约定#号代表空节点)
303                {
304                    int f = (i - 1) / 2;         //父节点编号
305                    if (String.valueOf(str.charAt(f)).equals("#") == true) {//为空
306                        return false;        //不合法，返回 false——节点及其父节点都为空
307                    }
308                }
309            }
310            return true;//返回真
311        }
312
313        //构建二叉树
314        public BiTreeNode createBiTree(BiTreeNode tree, String str_tree) {
315            int n = str_tree.length();                //输入二叉树节点系列的长度
316            for (int i = 0; i <= (n - 1); i++) {
317                char m = str_tree.charAt(i);        //取出第 i 个节点数据
318                if (str_tree.charAt(i) != '#')        //如果节点不为空(约定#号代表空节点)
319                {
320                    bitreenode[i] = new BiTreeNode();        //创建第 i 个节点
321                    bitreenode[i].data = String.valueOf(m);  //将数据赋给节点
322                    bitreenode[i].lchild = null;        //置左孩子为空
323                    bitreenode[i].rchild = null;        //置右孩子为空
324                    if (i == 0) {                //如果二叉树为空
325                        tree = bitreenode[i];        //该节点为树的根
326                    } else {//否则
327                        int f = (i - 1) / 2;        //父节点编号
328                        if (i % 2 == 1) {        //如果此节点编号是左孩子
329                                                //父节点的左指针指向左孩子
```

```
330                        bitreenode[f].lchild = bitreenode[i];
331                    } else {//否则(是右孩子)
332                        //父节点的右指针指向右孩子
333                        bitreenode[f].rchild = bitreenode[i];
334                    }
335                }
336            }
337        }
338        return tree;              //返回创建好的二叉树
339    }
340
341    //先序遍历二叉树算法，5 行有注释符是递归算法，之后是非递归算法，可进行比较学习
342    void preOrder(BiTreeNode tree) {
343        BiTreeNode t = tree;       //tree 需要遍历的二叉树，t 遍历过程的中间子树(树)
344
345 //       if (t != null) {        //递归算法，仅用 5 行
346 //           str_order = str_order + t.data;    //输出节点
347 //           preOrder(t.lchild);               //先序遍历左子树
348 //           preOrder(t.rchild);               //先序遍历右子树
349 //       }
350
351        BiTreeNode[] tn = new BiTreeNode[50];     //创建节点
352        int top = 0;               //相当于：顺序存储的栈顶指针
353        if (t != null)             //二叉树不为空
354        {
355            tn[++top] = t;         //树不空，将树进栈
356            while (top > 0) {      //栈非空
357                t = tn[top--];     //出栈
358                str_order = str_order + t.data;   //加入遍历结果
359                if (t.rchild != null) {           //如果出栈节点的右子树不为空
360                    tn[++top] = t.rchild;         //则右子树进栈
361                }
362                if (t.lchild != null) {           //如果出栈节点的左子树不为空
363                    tn[++top] = t.lchild;         //则左子树进栈
364                }
365            }
366        }
367    }
368
```

```
369    //中序遍历算法，5 行有注释符是递归算法，之后是非递归算法，可进行比较学习
370    void inOrder(BiTreeNode tree) //非递归中序遍历
371    {
372        BiTreeNode t = tree;          //tree 需要遍历的二叉树，t 遍历过程的中间子树(树)
373
374 //      if (t != null) {              //递归算法，仅用 5 行
375 //          inOrder(t.lchild);        //中序遍历左子树
376 //          str_order = str_order + t.data;   //输出节点
377 //          inOrder(t.rchild);        //中序遍历右子树
378 //      }
379
380        int top = 0, finish = 0;       //
381        BiTreeNode[] tn = new BiTreeNode[50];   //创建节点
382        while (t != null) {            //二叉树不为空
383            while (t != null)          //节点不为空
384            {
385                if (t.rchild != null) {    //如果右子树不为空
386                    tn[++top] = t.rchild;  //则右子树进栈
387                }
388                tn[++top] = t;             //树进栈
389                t = t.lchild;              //继续左子树
390            }
391            t = tn[top--]; //出栈
392            while (top != 0 && t.rchild == null) {   //如果栈不为空，且右子树为空
393                str_order = str_order + t.data;      //得到一个遍历节点数据
394                t = tn[top--]; //出栈
395            }
396            str_order = str_order + t.data;    //得到一个遍历节点数据
397            if (top != 0) {                    //如果栈不为空
398                t = tn[top--];                 //出栈
399            } else {
400                t = null;                      //否则，令树为空
401            }
402        }
403    }
404    //中序非递归的另一种方法
405 //  void inOrder(BiTreeNode tree)          //非递归中序遍历
406 //  {
407 //      str_order = "";                    //遍历结果字符串
```

```
408   //        int top = 0, finish = 0;           //
409   //        BiTreeNode t = tree;               //tree 需要遍历的二叉树，t 遍历过程的中间子树(树)
410   //        BiTreeNode[] tn = new BiTreeNode[50];
411   //        while (finish == 0) {
412   //            while (t != null)              //节点不为空
413   //            {
414   //                tn[++top] = t;             //进栈
415   //                t = t.lchild;              //沿左子树继续
416   //            }
417   //            if (top == 0) {                //栈为空
418   //                finish = 1;                //结束，退出循环
419   //            } else {
420   //                t = tn[top--];             //出栈
421   //                str_order = str_order + t.data;    //得到一个遍历节点数据
422   //                t = t.rchild;              //沿右子树继续
423   //            }
424   //        }
425   //    }
426
427   //后序遍历算法，5 行有注释符是递归算法，之后是非递归算法，可进行比较学习
428   void postOrder(BiTreeNode tree)                //非递归中序遍历
429   {
430       BiTreeNode t = tree;                       //tree 需要遍历的二叉树，t 遍历过程的中间子树(树)
431
432   //    if (t != null) {                         //递归算法，仅用 5 行
433   //        postOrder(t.lchild);                 //后序遍历左子树
434   //        postOrder(t.rchild);                 //后序遍历右子树
435   //        str_order = str_order + t.data;      //输出节点
436   //    }
437
438       BiTreeNode tag = t;                        //已经遍历的标记  tag=t
439       BiTreeNode[] tn = new BiTreeNode[50];      //创建节点栈
440       int top = 0;                               //相当于栈顶指针
441       while (t != null) {                        //当树不为空时
442           while (t.lchild != null) {             //如果左子树不为空
443               tn[++top] = t;                     //则左子树进栈
444               t = t.lchild;                      //沿左子树继续
445           }
446           //当前节点非空，且无右子树或右子树已经输出
```

```
447            while (t != null && (t.rchild == null || t.rchild == tag)) {
448                str_order = str_order + t.data;        //加入遍历结果
449                tag = t;                               //当前节点已遍历
450                if (top == 0) {                        //如果栈已空
451                    return;                            //则结束遍历
452                }
453                t = tn[top--];                         //出栈
454            }
455            tn[++top] = t;                             //进栈
456            t = t.rchild;                              //沿右子树继续
457        }
458    }
459
460    //计算二叉树的深度
461    int depth(BiTreeNode tree) {
462        if (tree == null) {                            //如果二叉树为空
463            return 0;                                  //则返回深度为 0
464        } else {                                       //否则
465            int d1 = depth(tree.lchild);               //递归调用计算左子树的深度
466            int d2 = depth(tree.rchild);               //递归调用计算右子树的深度
467            return (1 + (d1 > d2 ? d1 : d2));          //返回左、右子树深度最大者加 1
468        }
469    }
470 }//类 BiTreeFrame 结束
471
472 //画二叉树的面板类
473 class BiTree_Panel extends JPanel {                    //继承 JPanel
474
475    int depth;                                         //声明二叉树的深度
476    String str_tree;                                   //声明二叉树的节点字符串
477    BiTreeNodeMap[] cod = new BiTreeNodeMap[50];//声明节点圆圈图
478    int d; //左、右子节点离父节点的水平距离，左 x=父 x-d　右 x=父 x+d
479
480    //构造函数，参数是二叉树的深度，节点字符串系列
481    public BiTree_Panel(int depth, String str_tree) {
482        this.depth = depth;                            //设置深度
483        this.str_tree = str_tree;                      //设置节点字符串
484    }
485
```

```
486        @Override                 //覆盖 paintComponent 方法，画二叉树
487        protected void paintComponent(Graphics g) {
488            Graphics2D g2d = (Graphics2D) g;                        //创建 2D 对象
489            g.clearRect(0, 0, getWidth(), getHeight());             //清屏
490            //确定各节点坐标，并画直线
491            int k = 0;                                              //从根节点开始(序号为 0)
492            for (int i = 0; i < depth; i++)                         //按层进行
493            {
494                //第 i 层
495                for (int j = 0; j < Math.pow(2, i) && k < str_tree.length(); j++) {
496                    String m = String.valueOf(str_tree.charAt(k));  //取 k 节点的字符
497                    if (!m.equals("#")) {                           //如果节点非空
498                        cod[k] = new BiTreeNodeMap();               //构造第 k 节点的圆圈图
499                        cod[k].data = m;                            //第 k 节点赋予字符
500                        if (k == 0) {                               //如果是根节点
501                            cod[k].x = getWidth() / 2 - 10;         //根节点 x 坐标定位
502                            cod[k].y = 30;                          //根节点 y 坐标定位
503                        } else {                                    //不是根节点
504                            int f = (k - 1) / 2;                    //父节点编号
505                            if (k % 2 == 1) {                       //如果是左子树
506                                cod[k].x = cod[f].x - d;            //计算左节点的 x 坐标
507                                cod[k].y = cod[f].y + 40;           //计算左节点的 y 坐标
508                                //画父节点到该左节点的直线
509                                g.drawLine(cod[f].x + 5, cod[f].y + 18,
510                                        cod[k].x + 20, cod[k].y + 8);
511                            } else {
512                                cod[k].x = cod[f].x + d;            //计算右节点的 x 坐标
513                                cod[k].y = cod[f].y + 40;           //计算右节点的 y 坐标
514                                //画父节点到该右节点的直线
515                                g.drawLine(cod[f].x + 25, cod[f].y + 18,
516                                        cod[k].x + 20, cod[k].y + 15);
517                            }
518                        }
519                    }
520                    k++;                                            //继续下一个节点
521                }
522                if ((depth - 2 - i) == 0) {                         //如果是最下一层
523                    d = 35;                                         //叶子节点离父节点的水平距离为 35
524                } else {
```

```
525                        //计算非底层的节点应该离父节点的水平距离
526                        d = (int) (53 * Math.pow(2, depth - 3 - i));
527                    }
528                }
529        for (k = 0; k < str_tree.length(); k++) {        //画各节点的圆圈图
530                String m = String.valueOf(str_tree.charAt(k));
531                if (!m.equals("#")) {                    //不是空节点
532                    g2d.setColor(Color.PINK);            //设置圆圈颜色
533                    //设置圆圈的位置坐标和大小
534                    g2d.fill(new Ellipse2D.Double(cod[k].x, cod[k].y, 30, 30));
535                    g2d.setColor(Color.black);            //字体颜色
536                    //圆圈里的字体、加粗、大小
537                    g2d.setFont(new Font("宋体", Font.ITALIC | Font.BOLD, 24));
538                    //画节点数据
539                    g2d.drawString(cod[k].data, cod[k].x + 7, cod[k].y + 24);
540                }
541            }
542    } // 方法 paintComponent 结束
543  } // 类 J_Panel 结束
```

5.4　任务四　哈夫曼(Huffman)树

目前常用的图像、音频、视频等多媒体信息，数据量大是它们的一个基本特性。例如，BMP 位图是一种没有压缩的图像格式，存储一幅分辨率为 1024×768 像素的 24 位真彩色图像，需要 2.25 MB(计算 1024×768×24÷8÷1024÷1024)；如果一次作为数字视频图像的 1 帧，每秒播放 25 帧，则每秒的视频图像将需要 56.25 MB，一个半小时的视频图像将达 296.63 GB，再配上音频信号，数据量会更大。

因此，数字化的多媒体信息、数据通信和数据存储等领域，经常需要对数据进行压缩，以节省存储空间。压缩的基本原理有许多求解方法，且各方法的求解效率有较大的差异，如何选择高效的求解方法？哈夫曼编码(huffman code)是数据压缩技术中的一种无损压缩方法。哈夫曼编码需要构造哈夫曼树，下面学习哈夫曼树。

5.4.1　子任务 1　认识哈夫曼树和哈夫曼编码

1. 构造哈夫曼树和哈夫曼编码

构造哈夫曼树和哈夫曼编码步骤如下：

(1) 统计原始数据中各种符号出现的频率(频数)。

(2) 按各符号的频率(频数)高低次序排列，得到一队列。

(3) 将 2 个最小频率(频数)相加的和作为新符号的频率(频数)，这 2 个最小的频率(频数)

的符号作为新符号的左右孩子。新符号的频率(频数)加入队列中。

(4) 重复上述(2)、(3)两步,直到队列全部合并,得到该符号系列的哈夫曼树。

(5) 在每次合并符号时,将合并的左、右符号分别赋为 0 和 1,得到哈夫曼树后,从哈夫曼树的根到某节点的路径上所经过各节点的 0 和 1 得到一系列 01 编码,这就是该节点的哈夫曼编码。

案例 1:对字符串系列 HTreeTree HTTree 进行哈夫曼编码。

按上述构造哈夫曼树和哈夫曼编码步骤,统计结果:H 2 次,r 3 次,T 4 次 e 6 次。构造哈夫曼树过程如图 5-16 所示。

字符串 "HTreeTree HTTree" 中出现:H 2 次,r 3 次,T 4 次,e 6 次

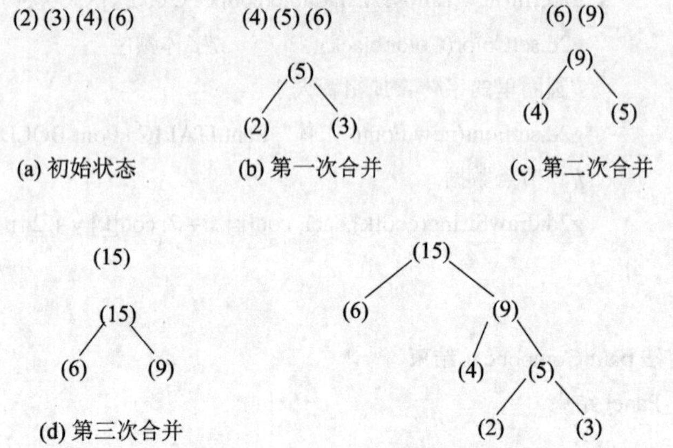

(a) 初始状态   (b) 第一次合并   (c) 第二次合并

(d) 第三次合并

(e) 最终结果:哈夫曼树

根据哈夫曼树构造得到的各字符哈夫曼编码为 H: 110,r: 111,T: 10,e: 0。

(f) 哈夫曼编码(约定左孩子为0,右孩子为1)

图 5-16　哈夫曼树的构造过程

2. 译码

根据字符的哈夫曼编码对字符串进行编码,译码结果如下:

(根据字符的哈夫曼编码对字符串进行编码)

H	T	r	e	e	T	R	e	e		H	T	T	r	e	e
110	10	111	0	0	10	111	0	0		110	10	10	111	0	0

字符串 "HTreeTree HTTree" 的哈夫曼编码为:11010111001011100110101011100,共有 29 个二进制位。各字符的哈夫曼编码位数不等,频数最大的编码长度最短,频数最小的编码长度最长,所以哈夫曼编码具有很好的压缩性能,该字符串共 15 个字符,如果采用 ASCII 码则有 $15 \times 8 = 120$ 个二进制位。压缩比 120:29 = 4.14:1。

哈夫曼编码是一种变长编码,而且任何一个字符的编码都不是另一个字符编码的前缀,这样才能保证译码的唯一性。

3. 解码

正是因为哈夫曼编码具有 "任何一个字符的编码都不是另一个字符编码的前缀",所以

可以将一串哈夫曼编码反译为字符串。

"110101110010111001101010101100"对照哈夫曼编码表就可以得到：

110H 10T 111r 0e 0e 10T 111r 0e 0e 110H 10T 10T 111r 0e 0e

也可以利用哈夫曼树，按约定，0 表示左孩子，1 表示右孩子，从字符串的左端开始遍历哈夫曼树，到叶节点时就得到一个字符，回到树根节点继续后面的编码，直到完成为止。

利用哈夫曼编码进行译码后，可以再解码为原来字符，译码后数据得到压缩，解码后数据信息没有损失，因此哈夫曼编码是一种无损压缩。

5.4.2 子任务 2 树的路径长度

1. 二叉树的不带权路径长度

在二叉树中，假设各边的长度一样，从 X 到 Y 节点所经过的边称为从 X 到 Y 节点的一条路径，路径长度为路径上的边数。

从根节点开始的所有叶节点的路径长度之和称为该二叉树的路径长度(Path Length，PL)。

l_i 表示从根到第 i 个节点的路径长度，则二叉树的路径长度 PL 为

$$PL = l_1 + l_2 + \cdots + l_i + \cdots + l_n = \sum l_i$$

2. 二叉树的带权路径长度

如果各节点之间的重要性或花费不同，也就是通常所说的权重不一样，从根节点出发到各叶节点的花费就不同。计算二叉树的路径长度时考虑各边的权重，称为带权路径长度。

在哈夫曼编码中，字符的使用频数或频率各不相同，将字符使用频率作为二叉树中叶子节点的值，称为权(weight)，设第 i 节点的权为 w_i，则带权路径长度为 WPL：

$$WPL = w_1 \times l_1 + w_2 \times l_2 + \cdots + w_i \times l_i + \cdots + w_n \times l_n$$

或记为

$$WPL = \sum_{i=0}^{n-1} (w_i \times l_i)$$

如果由不同权重的节点组成不同的二叉树，则哈夫曼树的 WPL 是各二叉树中最小的，即哈夫曼树是最优的，所以哈夫曼的构造实际上就是解决带权路径长度最短的二叉树如何构造的问题。

3. 案例 2

假设要将 10 000 个百分制成绩转换为分数分布比率、等级，可以手工进行构造哈夫曼树，也可以利用"5.4.3 子任务 3 哈夫曼编码的程序实现"进行哈夫曼编码实现，得到各等级路径长度 l_i，如下所示：

分数段	比率	等级	哈夫曼编码	l_i
90～100 分	14%	A 级(优秀)	1111	4
80～89 分	22%	B 级(良好)	10	2
70～79 分	40%	C 级(中等)	0	1

| 60～69 | 分 | 18% | D 级(及格) | 110 | 3 |
| 0～59 | 分 | 6% | E 级(不及格) | 1110 | 4 |

$$WPL = 10\ 000 \times (0.14 \times 4 + 0.22 \times 2 + 0.4 \times 1 + 0.18 \times 3 + 0.06 \times 4) = 21\ 800$$

使用哈夫曼树判定，总判定次数为 21 800 次，这是不同判定方法中的最少次数。

成绩转换判定构造的哈夫曼树如图 5-17 所示。

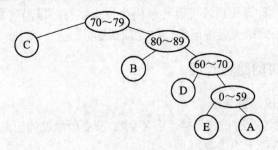

图 5-17　成绩转换判定哈夫曼树

5.4.3　子任务 3　哈夫曼编码的程序实现

1. 构造哈夫曼树节点的结构类

因为采用链式存储结构，所以哈夫曼树的节点应有节点名称 name、权重 weight、左子树的指针 lchild、右子树指针 rchild、叶节点哈夫曼编码 huffCode。

在包 ch5Tree 中创建类 HuffmanNode.java，声明节点的 name、weight、lchild、rchild 和 huffCode 后，选择菜单项"重构" -> "封装字段"，如图 5-18 所示，选择 getter 和 setter，然后点击"重构"按钮，由系统自动完成字段的 getter()和 setter()方法。

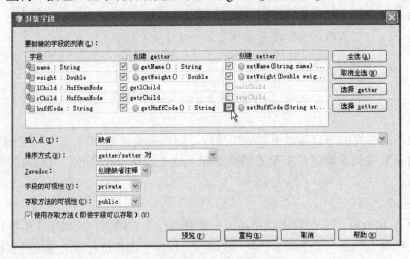

图 5-18　封装字段

下面编写两个构造方法，HuffmanNode.java 的完整程序代码如下：

```
package ch5Tree;


public class HuffmanNode {    //定义哈夫曼树的节点
```

```java
    private String name;                      //节点字符串名称
    private Double weight;                     //节点权重值
    private HuffmanNode lChild = null;         //左子树节点引用(相当 C 语言的指针)
    private HuffmanNode rChild = null;         //右子树节点引用(相当 C 语言的指针)
    private String huffCode = null;            //叶节点的哈夫曼编码

    //构造方法，构造哈夫曼树一般节点(节点名，权重，左右子树)
    public HuffmanNode(String name, Double weight, HuffmanNode lChild,
            HuffmanNode rChild) {
        this.name = name;
        this.weight = weight;
        this.lChild = lChild;
        this.rChild = rChild;
    }

    // 构造方法，构造哈夫曼树叶子节点(节点名，权重)
    public HuffmanNode(String name, Double weight) {
        this.name = name;
        this.weight = weight;
    }

    // 判断节点是否为叶子节点
    public boolean isLeaf() {
        //如果左、右孩子的引用均为空，则为叶子节点，返回真
        return (rChild == null && lChild == null);
    }

    //设置本节点的字符串名
    public void setName(String name) {
        this.name = name;
    }

    // 返回本节点的字符串名
    public String getName() {
        return this.name;
    }

    //设置本节点的权重
    public void setWeight(Double weight) {
```

```java
        this.weight = weight;
    }

    // 返回本节点的权重值
    public Double getWeight() {
        return this.weight;
    }

    // 返回本节点的左子树
    public HuffmanNode getLeftChild() {
        return this.lChild;
    }

    // 返回本节点的右子树
    public HuffmanNode getRightChild() {
        return this.rChild;
    }

    //设置节点的哈夫曼编码
    public void setHuffCode(String str) {
        this.huffCode = str;
    }

    //返回节点的哈夫曼编码
    public String getHuffCode() {
        return this.huffCode;
    }
}
```

2．在包 ch5Tree 中创建类 HuffmanTreeMain.java 类

编写实现方法如下：

(1) scanNode()完成从键盘输入节点的字符串和权重。

(2) createLeafNode()创建哈夫曼树的叶子节点，并加入临时队列。

(3) getMin()实现取出队列中权重最小的节点。

(4) createHuffmanTree()根据权值构造哈夫曼树。

(5) createHuffmanCode(HuffmanNode ht, String huffcode)递归调用生成哈夫曼编码。

(6) viewHuffmanCode()查看所有节点的哈夫曼编码值。

HuffmanTreeMain.java 类的完整代码如下：

```java
    package ch5Tree;
```

```java
import java.util.*;

class HuffmanTreeMain {

    private HuffmanNode root;                //声明哈夫曼树的根节点
    private HuffmanNode huffmannode;         //声明节点，存放哈夫曼新建节点
    //存储叶子节点的 List 表(使用 Java 系统 List)
    private List<HuffmanNode> leafWList = new ArrayList<HuffmanNode>();
    //临时队列，用于存放待组合的节点(使用 Java 系统 List)
    private List<HuffmanNode> tmpList = new LinkedList<HuffmanNode>();
    //声明哈夫曼节点数组
    private HuffmanNode[] leafArr = null;

    //从键盘读取节点：字符串名及权值
    public void scanNode() {
        String name = "";
        Double w = 0.0;
        Scanner scan = new Scanner(System.in);
        do {
            System.out.print("请输入哈夫曼节点的名称( # 结束)：");
            name = scan.next();
            if (name.equals("#")) {
                break;
            }
            System.out.print("请输入该节点的权重值：");
            w = scan.nextDouble();
            huffmannode = new HuffmanNode(name, w);
            leafWList.add(huffmannode);
        } while (true);
        return;
    }

    //创建哈夫曼树的叶子节点，并加入临时队列
    public void createLeafNode() {
        leafArr = new HuffmanNode[leafWList.size()];
        for (int i = 0; i < leafWList.size(); i++) {
            HuffmanNode node = new HuffmanNode(leafWList.get(i).getName(),
                    leafWList.get(i).getWeight());
            leafArr[i] = node;        //创建哈夫曼树的叶子节点
```

```
            tmpList.add(node);              //加入临时队列
        }
    }

    //找临时队列中权值最小的节点，(从队列中删除并返回该节点)
    public HuffmanNode getMin() {
        Iterator<HuffmanNode> itr = tmpList.iterator();
        HuffmanNode minNode = itr.next();
        Double min = minNode.getWeight();
        HuffmanNode tmpNode;
        while (itr.hasNext()) { //找最小的节点
            tmpNode = itr.next();
            if (tmpNode.getWeight() < min) {
                min = tmpNode.getWeight();
                minNode = tmpNode;
            }
        }
        tmpList.remove(minNode);              //最小的节点从临时队列中删除
        return minNode;
    }

    //根据权值构造哈夫曼树
    public void createHuffmanTree() {
        createLeafNode();                     //创建哈夫曼树的叶子节点，并加入临时队列
        HuffmanNode minNode1 = null, minNode2 = null;   //声明第一和第二最小节点
        HuffmanNode node = null;              //声明节点
        //构造 Huffman 树
        while (tmpList.size() != 1) {
            minNode1 = getMin();              //找临时队列中第一小节点
            minNode2 = getMin();              //找临时队列中第二小节点
            //最小两个节点构造一个新节点
            node = new HuffmanNode(minNode1.getName(), minNode1.getWeight()
                    + minNode2.getWeight(), minNode1, minNode2);
            tmpList.add(node);                //新节点加入临时队列
        }
        //循环结束，当前节点就是最后的节点，即当前节点就是哈夫曼树的根
        root = node;                          //当前节点赋给哈夫曼的根
    }
```

```
//生成哈夫曼编码的递归调用
protected void createHuffmanCode(HuffmanNode ht, String huffcode) {
    if (ht.isLeaf()) {
        ht.setHuffCode(huffcode);
    } else {
        createHuffmanCode(ht.getLeftChild(), huffcode + "0");
        createHuffmanCode(ht.getRightChild(), huffcode + "1");
    }
}


//查看所有节点的哈夫曼编码值
public void viewHuffmanCode() {
    for (int i = 0; i < leafArr.length; i++) {
        System.out.println("节点：" + leafArr[i].getName() + "  权值"
                + leafArr[i].getWeight() + "的哈夫曼编码为:"
                + leafArr[i].getHuffCode());
    }
}


public static void main(String[] args) {
    HuffmanTreeMain ht = new HuffmanTreeMain();
    ht.scanNode();
    ht.createHuffmanTree();
    ht.createHuffmanCode(ht.root, "");
    ht.viewHuffmanCode();
}
}
```

3. 运行结果

run:
请输入哈夫曼节点的名称(# 结束)：优秀
请输入该节点的权重值：0.14
请输入哈夫曼节点的名称(# 结束)：良好
请输入该节点的权重值：0.22
请输入哈夫曼节点的名称(# 结束)：中等
请输入该节点的权重值：0.4
请输入哈夫曼节点的名称(# 结束)：及格
请输入该节点的权重值：0.18
请输入哈夫曼节点的名称(# 结束)：不及格
请输入该节点的权重值：0.06

请输入哈夫曼节点的名称(# 结束): #

节点：优秀　权值 0.14 的哈夫曼编码为：1111

节点：良好　权值 0.22 的哈夫曼编码为：10

节点：中等　权值 0.4 的哈夫曼编码为：0

节点：及格　权值 0.18 的哈夫曼编码为：110

节点：不及格　权值 0.06 的哈夫曼编码为：1110

课后任务

1. 学习树和二叉树，模仿或按照教程中的程序代码，构建二叉树程序实现。

2. 运行自己完成的二叉树程序实现，并进行测试，以帮助理解本学习情境的数据结构和算法内容。

3. 对二叉树中程序实现的不完善之处进行改进，或者写出更好的、创新的程序实现。

预习任务

请预习下一个学习情境：图。

学习情境6　图

图是一种非线性数据结构，各数据之间允许具有多对多的关系：图中的每个数据可有多个前驱数据和多个后继数据，任意两个数据都可以相邻。图是刻画离散结构的一种有力工具，广泛应用于运筹学、网络研究和计算机程序流程分析。生活中，我们经常以图表达文字难以描述的信息，如城市交通图、路线图、网络图等。

本学习情境介绍图的基本概念、图的邻接矩阵和邻接表两种存储结构，实现图深度优先遍历和广度优先遍历以及最小生成树和最短路径问题。

6.1　任务一　认识图

6.1.1　子任务 1　初识图

1. 图的定义

图(graph)是由顶点(vertex)集合及顶点间的关系集合组成的一种数据结构。顶点之间的关系称为边(edge)。一个图 G 记为 G=(V, E)，V 是顶点 A 的有限集合，E 是边的有限集合，即

$$V=\{A|A\in \text{某个数据集合}\}, \quad E=\{(A, B)|A, B\in V\}$$

或
$$E=\{<A, B>|A, B\in V \text{ 且 } path(A, B)\}$$

其中，path(A, B)表示从顶点 A 到 B 的一条通路。

2. 图的类型

(1) 无向图。

无向图(undirected graph)中的边没有方向，每条边用两个顶点的无序对表示，如(A, B)表示连接顶点 A 和 B 之间的一条边，(A, B)和(B, A)表示同一条边。图 6-1 是一个无向图，用 G 表示无向图，其顶点集合 V 为

$$V(G) = \{A, B, C, D, E\}$$

边集合 E 为

$$E(G) = \{(A, B), (A, E), (B, C), (B, D), (B, E)(C, D), (D, E)\}$$

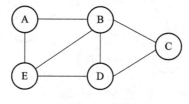

图 6-1　图

(2) 有向图。

有向图(directed graph)中的边有方向，每条边用两个顶点的有序对表示，如<A,B>表示从顶点 A 到 B 的一条有向边，A 是边的起点，B 是边的终点。因此，<A,B>和<B,A>表示方向不同的两条边。有向图 G 如图 6-2 所示，图中箭头表示边的方向，箭头从起点指向终点。

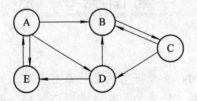

图 6-2　有向图

图 6-2 的中图 G 的顶点集合 V 和边集合 E 分别为

V(G)={A,B,C,D,E}

E(G)={<A,B>,<A,D>,<A,E>,<B,C>,<C,B>,<C,D>,<D,B>,<D,E>,<E,A>}

(3) 自身环的图和多重图。

如图 6-3 所示，顶点 C 有一个路径指向自身，这种图称为带自身环的图；顶点 B 有两条路径到顶点 A，这种图属于多重图。这些一般不属于数据结构讨论的范畴，本学习情境只讨论无向图和有向图。

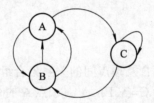

图 6-3　自身环、多重图

(4) 完全图。

完全图(complete graph)的任一顶点均有路径到其他顶点。完全图的边数是最大的。无向完全图的边数有 $n \times (n-1)/2$，有向完全图的边数为 $n \times (n-1)$。

(5) 带权图。

带权图(weighted graph)中的一顶点到另一顶点的路径有不同的耗费(时间、距离等)，耗费值称权重值(weight)。在不同的应用中，权值有不同的含义。例如，如果顶点表示计算机网络节点，则两个顶点间边的权值可以表示两个计算机节点间的距离、从一个节点到另一个节点所需的时间或所花费的代价等。带权图也称为网络(network)。带权图如图 6-4 所示，边上标示的实数为权值。

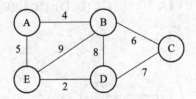

图 6-4　带权图

(6) 邻接顶点。

若(A, B)是无向图 E(G)中的一条边，则 A 和 B 互为邻接顶点(adjacent vertex)，且边(A,B)依附于顶点 A 和 B，顶点 A 和 B 依附于边(A, B)。

若<A, B>是有向图 E(G)中的一条边，则称顶点 A 邻接于顶点 B，顶点 B 邻接自顶点 A，边<A, B>与顶点 A 和 B 相关联。

3. 顶点的度

顶点的度(degree) 指与顶点 A 关联的边数，记为 deg(A)。

(1) 无向图顶点的度。

无向图顶点的度是连接该顶点的边数，如图 6-4 中顶点 B 的度 deg(B)=3。

(2) 有向图顶点的度。

在有向图中，以 A 为终点的边数称为 A 的入度，记为 indeg(A)：以 A 为起点的边数称为 A 的出度，记为 outdeg(A)。出度为 0 的顶点称为终端顶点(或叶子顶点)。顶点的度是入度与出度之和，有 deg(A)=indeg(A)+outdeg(A)。

图 6-2 中，顶点 A 的入度 indeg(A)=1，出度 outdeg(A)=3，度 deg(A)=4。

(3) 图的边与度的关系。

若 G 为无向图，顶点集合 $V=\{v_1, v_2, \cdots, v_n\}$，有 e 条边，则

$$e = \frac{1}{2}\sum_{i=1}^{n} \deg(v_i)$$

若 G 为有向图，则

$$\sum_{i=1}^{n} \deg(v_i) = \sum_{i=1}^{n} \text{out}\deg(v_i) = e$$

$$\sum_{i=1}^{n} \deg(v_i) = \sum_{i=1}^{n} \text{in}\deg(v_i) + \sum_{i=1}^{n} \text{out}\deg(v_i) = 2e$$

6.1.2　子任务 2　再识图

1. 子图

设图 G=(V, E)，G'=(V', E')，若 V'⊆V 且 E'⊆E，则称图 G'是 G 的子图(subgraph)。若 G'≠G，称图 G'是 G 的真子图。若 G'是 G 的子图，且 V'= V，称图 G'是 G 的生成子图(spanning subgraph)。

无向图及部分生成子图如图 6-5 所示，有向图及部分生成子图如图 6-6 所示。

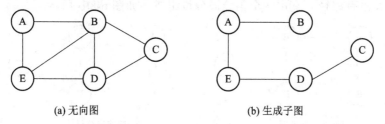

(a) 无向图　　　　　　　　　　　　　(b) 生成子图

图 6-5　无向图及生成子图

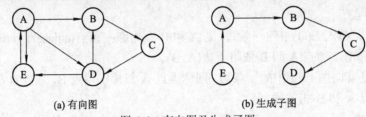

(a) 有向图   (b) 生成子图

图 6-6 有向图及生成子图

2. 路径

在图 G=(V, E)中，若存在顶点序列$(v_i, v_{p1}, v_{p2}, \cdots, v_{pm}, v_j)$且边$(v_i, v_{p1})$, (v_{p1}, v_{p2}), $\cdots$, (v_{pm}, v_j)都是 E(G)的边，则称顶点序列$(v_i, v_{p1}, v_{p2}, \cdots, v_{pm}, v_j)$是从顶点 v_i 到 v_j 的一条路径(path)。若 G 是有向图，则路径$<v_i, v_{p1}, v_{p2}, \cdots, v_{pm}, v_j>$也是有向的，$v_i$ 为路径起点，v_j 为终点。

对于不带权图，路径长度(pathlength)指该路径的边数；对于带权图，路径长度指该路径上各条边的权值之和。

简单路径(simple path)是指路径$<v_1, v_2, \cdots, v_m>$上各顶点互不重复。回路(cycle)是指起点和终点相同且长度大于 1 的简单路径，回路又称环。

3. 连通性

(1) 连通和连通分量。

在无向图 G 中，若从顶点 v_i 到 v_j 有路径，则称 v_i 和 v_j 是连通的。若图中 G 任意一对顶点 v_i 和 $v_j(v_i \neq v_j)$都是连通的，则称 G 为连通图(connected graph)。非连通图的极大连通子图称为该图的连通分量(connected component)。例如，图 6-7(a)是连通图，图 6-7(b)是非连通图，它由两个连通分量组成。

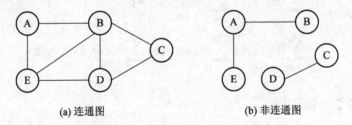

(a) 连通图   (b) 非连通图

图 6-7 连通图和非连通图

(2) 强连通图和强连通分量。

在有向图中，若在每一对顶点 v_i 和 $v_j(v_i \neq v_j)$之间都存在一条从 v_i 到 v_j 的路径，也存在一条从 v_j 到 v_i 的路径，则称该图是强连通图(strongly connected graph)。非强连通图的极大强连通图称为该图的强连通分量。例如，图 6-2 是强连通图，图 6-8(a)是非强连通图，因为从顶点 B 到 A 没有路径，它由两个强连通分量组成，如图 6-8(b)所示。

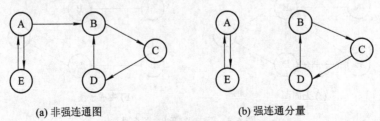

(a) 非强连通图   (b) 强连通分量

图 6-8 非强连通图和其强连通分量

6.2　任务二　图的表示

从任务一中可以看到，图是由顶点集合和边集合组成的，因此存储一个图需要存储图的顶点集合和边集合。图的存储结构通常采用邻接矩阵、邻接表、邻接多重表等表示。本学习情境主要介绍邻接矩阵、邻接表两种结构。

6.2.1　子任务 1　图的邻接矩阵表示

图的邻接矩阵表示采用数学中矩阵的行号和列号来表示图的顶点，矩阵中某行某列对应的数据来表示图的边。

1. 图的邻接矩阵

图的邻接矩阵(adjacency matrix)是表示图中各顶点之间邻接关系的矩阵。根据边是否带权值，邻接矩阵有不带权图的邻接矩阵和带权图的邻接矩阵两种。

2. 不带权图的邻接矩阵

设图 G=(V,E)有 n(n≥1)个顶点，$V=\{v_0, v_1, \cdots, v_{n-1}\}$，E 可用一个矩阵 **A** 描述，$\mathbf{A}=[a_{ij}]$ $(0\leqslant i<n, 0\leqslant j<n)$定义如下：

$$a_{ij}=\begin{cases}1 & 若(v_i,v_j)\in E或<v_i,v_j>\in E\\ 0 & 若(v_i,v_j)\notin E或<v_i,v_j>\notin E\end{cases}$$

$$a_{ij}=\begin{cases}w_{ij} & 若v_i\neq v_j且(v_i,v_j)\in E或<v_i,v_j>\in E\\ \infty & 若v_i\neq v_j且(v_i,v_j)\in E或<v_i,v_j>\in E\\ 0 & 若v_i=v_j\end{cases}$$

A 称为图 G 的邻接矩阵。**A** 的数据 a_{ij} 表示 G 中的顶点 v_i 到 v_j 之间的邻接关系，若存在从顶点 v_i 到 v_j 的边，则 $a_{ij}=1$，否则 $a_{ij}=0$。

图 6-1 是无向图，其邻接矩阵如图 6-9 所示；图 6-2 是有向图，其邻接矩阵如图 6-10 所示。

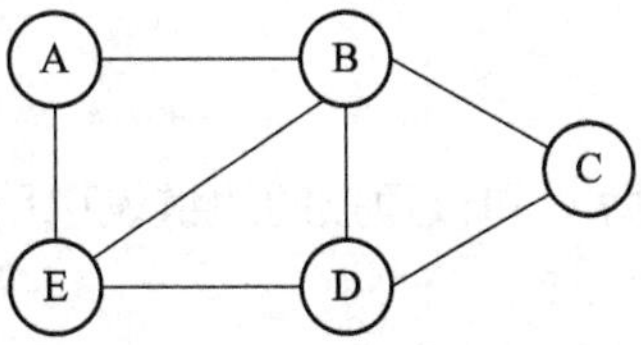

$$\mathbf{V}=\begin{bmatrix}A\\B\\C\\D\\E\end{bmatrix}\qquad \mathbf{A}=\begin{bmatrix}0&1&0&0&1\\1&0&1&1&1\\0&1&0&1&0\\0&1&1&0&1\\1&1&0&1&0\end{bmatrix}$$

图 6-9　无向图邻接矩阵表示

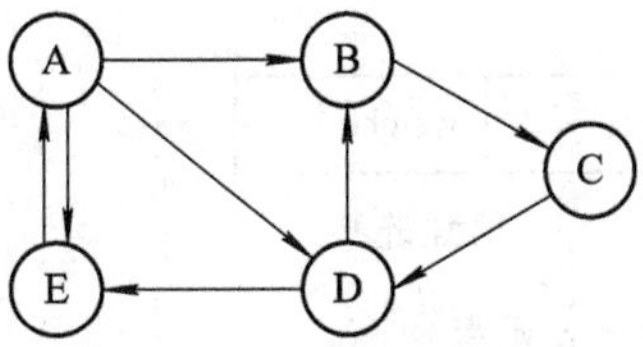

$$\mathbf{V}=\begin{bmatrix}A\\B\\C\\D\\E\end{bmatrix}\qquad \mathbf{A}=\begin{bmatrix}0&1&0&1&1\\0&0&1&0&0\\0&0&0&1&0\\0&1&0&0&1\\1&0&0&0&0\end{bmatrix}$$

图 6-10　有向图邻接矩阵表示

　　无向图的邻接矩阵是对称的，有向图的邻接矩阵不一定对称。

　　从邻接矩阵可计算出顶点的度。对于无向图，邻接矩阵第 i 行(或第 i 列)上各数据之和是顶点 v_i 的度；对于有向图，邻接矩阵第 i 行上的各数据之和是顶点 v_i 的出度，第 i 列上的各数据之和是顶点 v_i 的入度。

3. 带权图的邻接矩阵

　　带权图的邻接矩阵 $\mathbf{A} = [a_{ij}](0 \leqslant i < n, 0 \leqslant j < n)$ 定义如下，其中 $w_{ij}(w_{ij} > 0)$ 表示无向图边 (v_i, v_j) 或有向图边 $<v_i, v_j>$ 的权值。

　　带权无向图和带权有向图及其邻接矩阵如图 6-11 和图 6-12 所示。

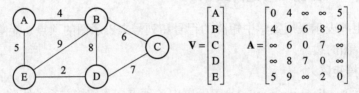

图 6-11　带权无向图及其邻接矩阵表

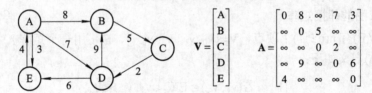

图 6-12　带权有向图及其邻接矩阵表

6.2.2　子任务 2　图的邻接表表示

　　图的邻接表(adjacency list)表示采用链表存储与一个顶点相关联的顶点和边信息。一个图的邻接表表示由顶点表和边表组成。顶点表顺序存储图中的所有顶点数据，边表以单链表存储与顶点相关联的顶点及边，每个顶点都关联一条链表。

　　图的邻接表表示相对图的邻接矩阵表示而言，可以减少存储空间，这是由于图的邻接矩阵表示将顶点 v_i 与其他顶点的邻接关系顺序存储在邻接矩阵的第 i 行和第 i 列，即使两个顶点之间没有邻接关系，也占用一个存储单远存储 0 或∞；而图的邻接表表示则不存储没有邻接关系的顶点。

1. 邻接表

　　顶点表数据由两个域组成：第 i 个顶点数据 v_i 和该顶点的边链表引用结构如图 6-13(a) 所示。

　　边链表中的节点由三个域组成：邻接顶点 dest、边的权重值 weight 和下一个邻接项引用，结构如图 6-13(b) 所示。

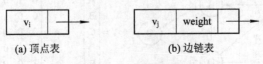

(a) 顶点表　　　　　　(b) 边链表

图 6-13　邻接表元素

2. 无向图的邻接表表示

边表中，第 i 行单链表存储所有与顶点 v_i 相关联的边，每个边节点存储从顶点 v_i 到 v_j 的一条边(v_i, v_j)，dest 域是该条边的终点 v_j 在顶点表中的下标，weight 域存储边(v_i, v_j)的权值 w_{ij}，nxet 域指向与 v_i 关联的下一条边。带权无向图的邻接表表示如图 6-14 所示。

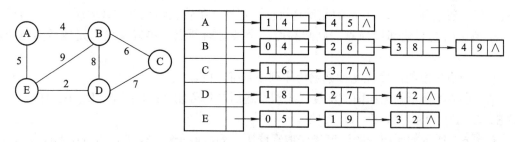

图 6-14　带权无向图的邻接表表示

3. 有向图的邻接表表示

以邻接表表示有向图，需要根据边的方向而得到边表，边表有两种：出边表和入边表。

出边表：第 i 行单链表存储以顶点 v_i 为起点的所有边$<v_i, v_j>$，dest 域是该条边的终点 v_j 在顶点表中的下标。

入边表：第 i 行单链表存储以顶点 v_i 为终点的所有边$<v_j, v_i>$，dest 域是该条边的起点 v_j 在顶点表中的下标。

有向图的邻接表表示有两种，分别是由出边表构成的邻接表和由入边表构成的逆邻接表。带权有向图邻接表的出边表表示如图 6-15 所示。在有向图的邻接表或逆邻接表中，每条边只存储一次。

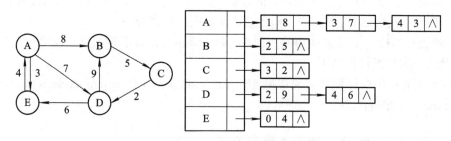

图 6-15　带权有向图邻接表的出边表表示

一个有 n 个顶点、e 条边的图 G，当 n 较小且 e 较大时，采用邻接矩阵存储效率较高；当 n 较大且 e<<n 时，采用邻接表存储效率较高。在实际存储中，可以根据需要选择邻接矩阵或邻接表进行存储。

6.3　任务三　图的遍历

图的遍历指从图中任意一个顶点 V 出发，沿着图中的边对其他顶点进行访问，到达并访问图中的所有顶点，且每个顶点仅被访问一次。图的遍历有两种：深度优先搜索遍历和宽度优先搜索遍历。

6.3.1 子任务 1 图的深度优先搜索遍历

1. 深度优先搜索

图的深度优先搜索(Depth First Search)策略是，访问某个顶点 v_i，接着寻找 v_i 的另一个未被访问的邻接顶点 v_j 访问，如此反复执行，走过一条较长路径到达最远顶点；若顶点 v_j 没有未被访问的其他邻接顶点，则回到前一个被访问顶点，再以深度优先搜索其他访问路径。

从一顶点出发的深度优先搜索遍历序列不是唯一的。

如对图 6-1 所示的无向图的深度优先搜索遍历序列可能是：{A，E，D，B，C}、{A，E，B，C，D}、{A，B，C，D，E}等。

对图 6-2 所示的无向图的深度优先搜索遍历序列可能是：{A，B，C，D，E}、{A，E，B，C，D}等。

对于一个连通无向图或一个强连通的有向图，以任何一个顶点为起点，一定存在路径能够到达其他所有顶点。因此，从一个顶点 v_i 出发的一次遍历，可以访问图中的每个顶点。

对于一个非连通无向图或一个非强连通的有向图，从一个顶点 v_i 出发的一次遍历只能访问图中的一个连通分量。因此，遍历一个非连通图需要遍历各个连通分量。

2. 图的深度优先搜索遍历算法

从非连通图中一个顶点 v_i 出发的一次深度优先搜索遍历算法描述如下：

(1) 访问顶点 v_i，标记 v_i 为被访问顶点。

(2) 选定一个邻接于 v_i 且未被访问的顶点 v_{i+1}，从 v_{i+1} 开始进行深度优先搜索。

(3) 若能由 v_{i+1} 到达的所有顶点都已被访问，则回到顶点 v_i。

(4) 若仍有邻接于 v_i 且未被访问的顶点，则从该顶点出发继续搜索其他路径，否则由顶点 v_i 出发的一次搜索过程结束。

图深度优先遍历操作程序实现详见 AbstractCraph.java 中的 depthFirstSearchGraph()方法和 depthFirstSearchVi()方法。

6.3.2 子任务 2 图的广度优先搜索遍历

1. 广度优先搜索

广度优先搜索(Breadth First Search)方法是，访问某个顶点 v_i，接着依次访问顶点 v_i 所有未被访问的邻接顶点 v_j, v_{j+1}, …, v_k，再以广度优先访问顶点 v_j, v_{j+1}, …, v_k 所有未被访问的其他邻接顶点，如此反复执行，直到访问完图中所有顶点。

从一顶点出发的广度优先搜索遍历序列也不是唯一的。

如对图 6-1 的无向图的广度优先搜索遍历序列可能是：{A，E，B，D，C}、{A，B，E，C，D}、{A，B，E，D，C}等。

对图 6-2 的无向图的广度优先搜索遍历序列可能是：{A，B，E，C，D}、{A，E，B，C，D}等。

2．图的广度优先搜索遍历算法

在图的广度优先搜索遍历中，需要一种数据结构记录各顶点的访问次序。若 v_i 在 v_j 之前访问，则 v_i 的所有邻接顶点在 v_j 的所有邻接顶点之前访问。因此，使用队列记录各顶点的访问次序。

图广度优先遍历程序实现详见 AbstractCraph.java 中的 breadthFirstSearchGraph()方法和 breadthFirstSearchVi()方法。

6.4 任务四 图的应用

6.4.1 子任务 1 最小生成树

1．生成树

连通的无回路的无向图称为无向树，简称树。

生成树(spanning tree)是一个连通无向图的一个极小连通生成子图，它包含原图中所有顶点(n 个)，以及足以构成一棵树的 n–1 条边。在生成树中，任何两个顶点之间只有唯一的一条路径。

图的生成树不是唯一的，从不同顶点开始、采用不同遍历可以得到不同的生成树或生成森林。以深度优先搜索遍历得到的生成树，称为深度优先生成树；以广度优先搜索遍历得到的生成树，称为广度优先生成树。

2．最小生成树

设 G 是一个带权连通无向图，w(e)是边 e 上的权，T 是 G 的生成树，T 中各边的权之和为

$$w(T)=\sum w(e) \qquad (e\in T)$$

这称为生成树 T 的权或耗费(cost)。权值最小的生成树称为最小代价生成树，简称最小生成树。

3．最小生成树的构造算法

按照生成树的定义，n 个顶点的连通无向图的生成树有 n 个顶点和 n–1 条边。因此，构造最小生成树有以下三个原则：

(1) 必须只使用该图中的边来构造最小生成树。

(2) 必须使用且仅使用 n–1 条边来连接图中的 n 个顶点。

(3) 不能使用产生回路的边。

构造最小生成树主要有两种算法：Prim 算法和 Kruskal 算法。这两种算法都是基于最小生成树的 MST 性质：

设 G=(V, E)是一个带权连通无向图，U 是顶点集合 V 的一个非空真子集。若(u, v)是一条具有最小权值的边，其中 u∈U, v∈(V−U)，则必存在一棵包含边(u, v)的最小生成树。

4．Prim 算法

Prim 算法是由 R.C.Prim 于 1956 年提出的。Prim 算法根据 MST 特性，采用逐步求解的

策略：

设 G=(V, E)是带权连通无向图，T=(U, TE)为 G 的最小生成树，则有

(1) 最初 U={v_0}($v_0 \in$ V), TE={}。

(2) 重复执行以下操作：在所有 u∈U, v∈(V−U)的边(u, v)∈E 中，找出一条权值最小的边(u_0, v_0)并入集合 TE，同时将 v_0 并入集合 U，直至 U=V。

最终，TE 中必有 n−1 条边，则 T=(V, TE)为 G 的一棵最小生成树。

对于带权无向图，以 Prim 算法构造其最小生成树的过程如图 6-16 所示。

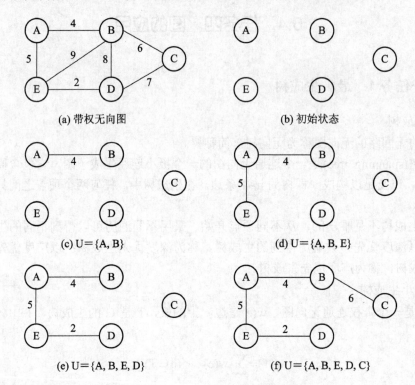

图 6-16　Prim 算法构造最小生成树

5. Kruskal 算法

Kruskal 算法也是根据 MST 特性采用逐步求解的策略，每次选择权值最小且不产生回路的一条边加入生成树，直到加入 n−1 条边，则构造成一棵最小生成树。

Kruskal 算法如下：

设 G=(V, E)是带权连通无向图，T=(U, TE)为 G 的最小生成树，则有

(1) T 的最初状态是 U=V，TE={}，即 T 有 G 的 n 个顶点而没有边，T 中每个顶点各自构成一个连通分量。

(2) 在 E(G)中选择权值最小一条边，若该边的两个顶点分别在 T 的两个不同连通分量中，则将此边加入 T；否则舍去该边，再选择下一条权值最小的边。T 中每加入一条边，则原来的两个连通分量连接为一个连通分量。

依次类推，重复执行(2)操作，直到 T 中所有顶点都在同一连通分量中，则 T=(V, TE)为 G 的一棵最小生成树。

对于带权无向图，以 Kruskal 算法构造其最小生成树的过程如图 6-17 所示。

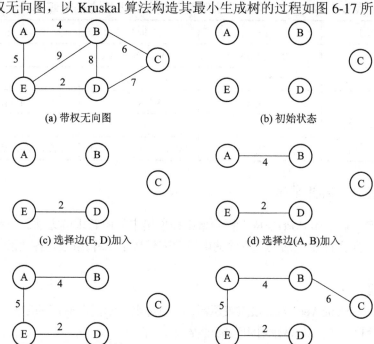

图 6-17　Kruskal 算法构造最小生成树

6.4.2　子任务2　最短路径

设 G=(V, E)是一个带权图，若 G 中从顶点 v 到顶点 u 的一条路径(v, v_1, …, v_i, u)，其路径长度小于等于从 v 到 u 的所有其他路径的路径长度，则该路径是从 v 到 u 的最短路径(shortest path)，v 称为源点，u 称为终点。

求最短路径问题主要有两种：求从源点 v 到图中其他各顶点的最短路径称为单源最短路径；求图中每一对顶点之间的最短路径。单源最短路径是图中每一对顶点之间的最短路径的基础。求单源最短路径的最典型算法是 Dijkstra 算法。

1. Dijkstra 算法

已知 G=(V, E)是一个带权图，且图中各边的权值大于等于 0。Dijkstra 算法按照路径长度递增的顺序逐步求得最短路径。设 G 中最短路径的顶点集合是 S，则尚未确定最短路径的顶点集合是 V−S。算法如下：

(1) 开始，S={v}，v∈V，从源点 v 到其他顶点的最短路径设置为从 v 到其他顶点的边。

(2) 若求出一条从 v 到顶点 u 的最短路径(v, v_1, …, v_i, u)，v_i∈S，u∈V−S，则将终点 u 并入 S，再根据最短路径(v, …, u)调整从 v 到 V−S 中其他顶点的最短路径及其长度。

(3) 反复执行(2)，直到 V 中所有顶点都并入 S。

2. Dijkstra 算法实例

对于图 6-12 所示的带权有向图，表 6-1 给出了以 Dijkstra 算法求从顶点 D 到其余各顶点的最短路径的过程。

表 6-1　Dijkstra 算法求从顶点 D 到其余各顶点的最短路径

	i=1	i=2	i=3	i=4
V_A	∞	$10(V_D, V_E, V_A)$	$10(V_D, V_E, V_A)$	
V_B	$9(V_D, V_B)$	$9(V_D, V_B)$	—	
V_C	∞	$14(V_D, V_E)$	$14(V_D, V_E)$	$14(V_D, V_E)$
V_E	$6(V_D, V_E)$	—		
U	(V_D, V_E)	(V_D, V_E, V_B)	(V_D, V_E, V_B, V_A)	$(V_D, V_E, V_B, V_A, V_C)$

6.4.3　子任务 3　拓扑排序

拓扑排序(Topological Sort)是从工程领域中抽象出来的问题求解方法。一般来说，一个工程大多由若干项子工程(或活动，后面就用活动来代替子工程)组成，各项活动之间存在一定的制约关系。

1．AOV 网

AOV 网(Activity on Vertex)用顶点表示活动，用边来表示活动时间的制约关系。AOV 网常用来描述和分析一项工程的计划和实施过程。

一个工程中有 A、B、C 共 3 件事要做，但互相间存在这样的制约关系：A 完成之后才能到 B，B 完成之后才能到 C，C 完成之后才能到 A。很显然，这种关系将导致工程无法进行。

2．拓扑排序

判断工程能否进行的问题就变成了判断 AOV 网中是否存在有向回路的问题。对这一问题的求解是通过产生满足如下条件的(包含所有顶点的)顶点序列来实现的：

若 AOV 网中顶点 v_i 到顶点 v_j 之间存在路径，则在序列中顶点 v_i 领先于顶点 v_j 满足上述条件的顶点序列称为拓扑序列，产生这一序列的过程称为拓扑排序。

这样，判断 AOV 网中是否存在有向回路的问题变成了拓扑排序的问题：如果拓扑排序能输出所有顶点，则说明不存在回路，否则就存在回路。

3．拓扑排序算法

拓扑排序算法如下：

(1) 找出一个入度为 0 的顶点 V 并输出。

(2) 删除顶点 V 及其相关的弧，因而使其后续顶点的入度减 1，并可能出现新的入度为 0 的顶点。

(3) 重复(1)、(2)，直到找不到入度为 0 的顶点为止。

经过上述操作之后，若所有顶点都被输出了，则说明 AOV 网中不存在回路，否则存在回路。由于每次删除一个顶点后，可能使不止一个顶点的入度为 0，因此拓扑排序输出的结果不唯一。如图 6-18 所示，拓扑排序的过程可得到一个排序序列：{C, A, E, F, D, B, G}。

上述 AOV 网使用拓扑排序方法，可以得到拓扑排序序列还有：{C, A, D, B, E, F, G}、{C, A, D, E, F, B, G}、{C, A, D, E, B, F, G}、{C, E, F, A, D, B, G}、{C, E, A, F, D, B, G}等等。

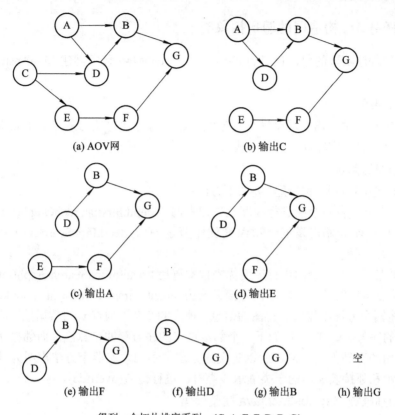

(a) AOV网　　　　　　　(b) 输出C

(c) 输出A　　　　　　　(d) 输出E

(e) 输出F　　　(f) 输出D　　　(g) 输出B　　　(h) 输出G

得到一个拓扑排序系列: {C, A, E, F, D, B, G}

图 6-18　拓扑排序过程

虽然还可以有更多的输出, 但该 AOV 网的拓扑输出中有几点顺序必须遵循:

(1) C 必须是第一个输出。

(2) G 必须是最后一个输出。

(3) E 必须在 F 前输出。

(4) A 必须在 D 和 B 前输出。

(5) D 必须在 B 前输出。

6.5　任务五　图的程序实现

图的程序实现主要步骤如下:

(1) 进行图的遍历抽象类构造(可用于邻接矩阵表示和邻接表表示的图)。

(2) 定义邻接矩阵表示的边(起点, 终点, 权重值)、邻接矩阵表示实现。

(3) 定义邻接表顶点、邻接表表示实现。

(4) 存储图信息的文件读/写实现。

(5) 具体应用的程序实现。

6.5.1 子任务 1 构造图的遍历抽象类

创建图的程序实现的包，包名为 ch6Map，在 ch6Map 包中创建 MapAbstract.java 抽象文件。

1. 图的遍历

图的遍历是从顶点出发对全图进行搜索遍历，可分解算法为从某个顶点出发进行搜索遍历，有深度优先和广度优先两种方式。

2. 图的遍历算法

(1) 图的遍历算法程序实现需要如下方法：

① 从顶点 v 出发对全图进行深度优先搜索遍历 depthFirstSeardchGraph(int v)。

② 从顶点 v_i 开始出发的一次深度优先搜索遍历 depthFirstSearchVi(int v, boolean[] visited)。

③ 从顶点 v 出发对全图进行广度优先搜索遍历 breadthFirstSearchGraph(int v)。

④ 从顶点 v_i 出发的一次广度优先搜索遍历 breadthFirstSearchVi(int v, boolean[] visited)。

(2) 上述四个方法中需要获得图的信息：顶点的个数、顶点 v_i 的数据域、顶点 v_i 的第一个邻接顶点的序号、v_i 在 v_j 后的下一个邻接顶点的序号等四个算法。而邻接矩阵表示和邻接表表示采用的存储方式不同，所以实现的方法也不同。这四个方法声明为抽象方法，由邻接矩阵表示和邻接表表示的子类继承该类时，进行覆盖(override)。

3. 图的抽象类 MapAbstract.java 完整代码

```
package ch6Map;

import java.util.ArrayList;
import java.util.List;
//图的抽象类，深度优先搜索遍历和广度优先搜索遍历
public abstract class MapAbstract<E> {
    //下面定义四个抽象方法，由继承的子类具体实现
    public abstract int vertexCount();          //返回顶点数

    public abstract E get(int i);               //返回顶点 vi 的数据域

    //返回顶点 vi 的第一个邻接顶点的序号
    public abstract int getFirstNeighbor(int i);

    //返回 vi 在 vj 后的下一个邻接顶点的序号
    public abstract int getNextNeighbor(int i, int j);

    //从顶点 v 出发对全图进行深度优先搜索遍历
    public void depthFirstSeardchGraph(int v) {
```

```
        //访问标记数组，元素初值为 false，表示未被访问
        boolean[] visited = new boolean[vertexCount()];
        int i = v;
        do {
            if (!visited[i]) {                          //若顶点 vᵢ 未被访问
                System.out.print("{ ");
                //从顶点 vᵢ 出发的一次深度优先搜索遍历
                depthFirstSearchVi(i, visited);
                System.out.print("} ");
            }
            i = (i + 1) % vertexCount();                //在其他连通分量中寻找未被访问顶点
        } while (i != v);
        System.out.println();
    }


    //从顶点 vᵢ 开始出发的一次深度优先搜索遍历，遍历一个连通分量
    private void depthFirstSearchVi(int v, boolean[] visited) {
        System.out.print(this.get(v) + " ");            //访问该顶点
        visited[v] = true;                              //置已访问标记
        int w = getFirstNeighbor(v);                    //获得第一个邻接顶点
        while (w != -1) {                               //若存在邻接顶点
            if (!visited[w]) {                          //若邻接顶点 w 未被访问
                //从 w 出发的深度优先搜索遍历，递归调用
                depthFirstSearchVi(w, visited);
            }
            w = getNextNeighbor(v, w);                  //返回 v 在 w 后的下一个邻接顶点的序号
        }
    }


    //从顶点 v 出发全图进行广度优先搜索遍历
    public void breadthFirstSearchGraph(int v) {
        boolean[] visited = new boolean[vertexCount()];    //访问标记数组
        int i = v;
        do {
            if (!visited[i]) { //若顶点 vᵢ 未被访问
                System.out.print("{ ");
                //从顶点 vᵢ 出发的一次广度优先搜索遍历
                breadthFirstSearchVi(i, visited);
                System.out.print("} ");
```

```
        }
            i = (i + 1) % vertexCount();        //在其他连通分量中寻找未被访问的顶点
        } while (i != v);
        System.out.println();
    }


    //从顶点 vᵢ 出发的一次广度优先搜索遍历，遍历一个连通分量
    private void breadthFirstSearchVi(int v, boolean[] visited) {
        System.out.print(this.get(v) + " ");
        visited[v] = true;
        List<Integer> que = new ArrayList<Integer>(vertexCount());     //创建顺序队列
        que.add(v);                              //访问过的顶点 v 的序号入队
        while (!que.isEmpty()) {                 //当队列不为空时循环
            v = que.remove(0);                   //出队
            int w = getFirstNeighbor(v);         //获得顶点 v 的第一个邻接顶点序号
            while (w != -1) {                    //当邻接顶点存在时循环
                if (!visited[w]) {               //若该顶点未访问过
                    System.out.print(this.get(w) + " ");    //访问顶点
                    visited[w] = true;
                    que.add(w);                  //访问过的顶点 w 的序号入队
                }
                w = getNextNeighbor(v, w);       //返回 v 在 w 后的下一个邻接顶点的序号
            }
        }
    }
}
```

6.5.2   子任务 2   程序实现图的邻接矩阵表示

图的邻接矩阵表示方法中，矩阵的行列分别是对应顶点的编号，行列的值就是对应顶点边的权重值，所以要定义一个边类(起点，终点，权重值)；邻接矩阵程序中，在覆盖图抽象类中 MapAbstract.java 四个抽象方法后，接着编写插入及删除顶点、插入及删除边、最小生成树的 Prim 算法、最短路径的 Dijkstra 算法等程序实现。

1. 定义边

(1) 在 ch6Map 包中创建 Edge.java 文件，声明边的起点序号 start、边的终点序号 dest、边的权值 weight，这三个成员属性均为私有(private)，并自动构造 getter()和 setter()方法；接着覆盖系统的 toString()和 compareTo()方法。

(2) 边的 Edge.java 完整代码如下：

```java
package ch6Map;

//邻接矩阵表示带权图的边，也适合不带权(有路径的权置为 1 即可)
public class Edge implements Comparable<Edge> {
    private int start;                          //边的起点序号
    private int dest;                           //边的终点序号
    private int weight;                         //边的权值

    public Edge(int start, int dest, int weight) {      //带参构造函数
        this.start = start;
        this.dest = dest;
        this.weight = weight;
    }


    @Override                                   //覆盖方法 toString()
    public String toString() {
        String w ="∞";
        if(getWeight() != Integer.MAX_VALUE){
            w = ""+ getWeight();
        }
        return "(" + getStart() + "," + getDest() + "," + w + ")";
    }


    @Override //覆盖方法 compareTo()，约定比较两条边大小的规则
    public int compareTo(Edge e) {
        if (this.getStart() != e.getStart()) {
            return this.getStart() - e.getStart();
        } else {
            return this.getDest() - e.getDest();
        }
    }

    // 返回起点
    public int getStart() {
        return start;
    }

    //设置起点
    public void setStart(int start) {
```

```
            this.start = start;
        }


    // 返回终点
    public int getDest() {
            return dest;
        }


    // 设置终点
    public void setDest(int dest) {
            this.dest = dest;
        }


    // 返回权重值
    public int getWeight() {
            return weight;
        }


    // 设置权重值
    public void setWeight(int weight) {
            this.weight = weight;
        }

    }
```

2. 邻接矩阵表示的程序实现

(1) 在 ch6Map 包中创建 MapMatrix.java 文件。

覆盖四个抽象方法，返回顶点数 vertexCount()、顶点 v_i 的数据域 get(int i)、顶点 v_i 的第一个邻接顶点的序号 getFirstNeighbor(int i)、v_i 在 v_j 后的下一个邻接顶点的序号 getNextNeighbor(int i, int j)。

编写插入顶点 insertVertex()及删除顶点 removeVertex()、插入边 insertEdge()及删除边 removeEdge()、最小生成树的 Prim 算法、最短路径的 Dijkstra 算法等程序实现。

(2) 图的 MapMatrix.java 完整代码如下：

```java
        package ch6Map;


        import java.util.ArrayList;
        import java.util.List;


        //邻接矩阵表示的图类，继承抽象图类 AbstractGraph
        public class MapMatrix<E> extends MapAbstract<E> {
```

```
    private List<E> vertexlist;                          //顺序表存储图的顶点集合
    private int[][] adjmatrix;                            //图的邻接矩阵
    private final int MAX_WEIGHT = Integer.MAX_VALUE;    //最大权值(表示无穷大∞)

    //构造方法，n 指定最多顶点数
    public MapMatrix(int n) {
        this.vertexlist = new ArrayList<E>(n);           //构造指定容量的空表
        this.adjmatrix = new int[n][n];                  //构造 n 行 n 列的空矩阵
        for (int i = 0; i < n; i++)                      //初始化图的邻接矩阵
        {
            //边的初始权值；顶点到自己的权值为 0，到其他顶点为最大权值(无穷大∞)
            for (int j = 0; j < n; j++) {
                this.adjmatrix[i][j] = (i == j) ? 0 : MAX_WEIGHT;
            }
        }
    }

    //以顶点集合和边集合构造一个图
    public MapMatrix(E[] vertices, Edge[] edges) {
        this(vertices.length);
        for (int i = 0; i < vertices.length; i++) {
            insertVertex(vertices[i]);                   //插入一个顶点
        }
        for (int j = 0; j < edges.length; j++) {
            insertEdge(edges[j]);                        //插入一条边
        }
    }

    //以顶点集合和边集合构造一个图
    public MapMatrix(List<E> list, Edge[] edges) {
        this(list.size());                               //list 的容量
        this.vertexlist = list;
        for (int j = 0; j < edges.length; j++) {
            insertEdge(edges[j]);                        //插入一条边
        }
    }

    @Override                                            //返回顶点数
    public int vertexCount() {
```

```
        return this.vertexlist.size();              //返回顶点顺序表的元素个数
    }

    @Override                                        //返回顶点 vi 的数据元素
    public E get(int i) {
        return this.vertexlist.get(i);
    }

    //插入一个顶点，若插入成功，则返回 true
    private boolean insertVertex(E vertex) {
        //在顺序表最后插入一个元素，并返回
        return this.vertexlist.add(vertex);
    }

    //插入一条给定顶点 vi 到 vj(i、j 指定顶点序号)、权值为 weight 的边(方法重载)
    public boolean insertEdge(int i, int j, int weight) {
        //若该边已存在，则不插入
        if (i >= 0 && i < vertexCount() && j >= 0 && j < vertexCount()
                && i != j && adjmatrix[i][j] == MAX_WEIGHT) {
            this.adjmatrix[i][j] = weight;
            return true;
        }
        return false;
    }

    //插入一条给定的边(方法重载)
    private boolean insertEdge(Edge edge) {
        if (edge != null) {
            return insertEdge(edge.getStart(), edge.getDest(),
                    edge.getWeight());
        }
        return false;
    }

    @Override //输出邻接矩阵(边<vi, vj>权重)
    public String toString() {
        String str = "顶点集合：" + vertexlist.toString() + "\n";
        str += "邻接矩阵：  \n";
        int n = vertexCount();                        //顶点数
```

```
        for (int i = 0; i < n; i++) {
            for (int j = 0; j < n; j++) {
                if (adjmatrix[i][j] == MAX_WEIGHT) {
                    str += "    ∞";
                } else {
                    str += "    " + adjmatrix[i][j];
                }
            }
            str += "\n";
        }
        return str;
    }


    //删除边 〈vi, vj〉，i、j 指定顶点序号
    public boolean removeEdge(int i, int j) {
        //若删除成功，则返回 true
        if (i >= 0 && i < vertexCount() && j >= 0 && j < vertexCount()
                && i != j && this.adjmatrix[i][j] != MAX_WEIGHT) {
            this.adjmatrix[i][j] = MAX_WEIGHT;        //设置该边的权值为无穷大
            return true;
        }
        return false;
    }


    //删除序号为 v 的顶点及其关联的边
    public boolean removeVertex(int v) {
        //若删除成功，则返回 true
        int n = vertexCount();                        //删除之前的顶点数
        if (v >= 0 && v < n) {
            //删除顺序表的第 i 个元素，顶点数已减一
            this.vertexlist.remove(v);
            for (int i = v; i < n - 1; i++) {
                System.arraycopy(this.adjmatrix[i + 1], 0,
                        this.adjmatrix[i], 0, n);
//              上行 arraycopy 是系统复制数组方法，相当于下面循环
//              for (int j = 0; j < n; j++) {
//                  this.adjmatrix[i][j] = this.adjmatrix[i + 1][j];
//              }
            }
```

```java
            for (int j = v; j < n - 1; j++) {
                for (int i = 0; i < n - 1; i++) {
                    //元素向前一列移动
                    this.adjmatrix[i][j] = this.adjmatrix[i][j + 1];
                }
            }
            return true;
        }
        return false;
    }

    @Override //返回顶点 v 的第一个邻接顶点的序号
    public int getFirstNeighbor(int v) {
        //若不存在第一个邻接顶点，则返回−1
        return getNextNeighbor(v, -1);
    }

    @Override //返回 v 在 w 后的下一个邻接顶点的序号
    public int getNextNeighbor(int v, int w) {
        //若不存在下一个邻接顶点，则返回−1
        if (v >= 0 && v < vertexCount() && w >= -1
                && w < vertexCount() && v != w) {
            //w=−1 时，j 从 0 开始寻找下一个邻接顶点
            for (int j = w + 1; j < vertexCount(); j++) {
                if (adjmatrix[v][j] > 0 && adjmatrix[v][j] < MAX_WEIGHT) {
                    return j;
                }
            }
        }
        return -1;
    }

    //构造带权图最小生成树的 Prim 算法，返回最小生成树相应的图对象
    public MapMatrix Prim() {
        //n 个顶点最小生成树有 n−1 条边
        Edge[] mst = new Edge[vertexCount() - 1];
        //初始化 mst 数组，从顶点 v0 出发构造最小生成树
        for (int i = 0; i < mst.length; i++) {
            //保存从顶点 v0 到其他各顶点的边的权
```

```
                mst[i] = new Edge(0, i + 1, adjmatrix[0][i + 1]);
        }
        System.out.print("mst 数组初值： ");
        //显示 mst 数组的变化过程
        for (int j = 0; j < mst.length; j++) {
                System.out.print(mst[j].toString());
        }
        for (int i = 0; i < mst.length; i++) {                    //共选出 n−1 条边
                int minweight = MAX_WEIGHT;                       //求最小权值
                int min = i;
                for (int j = i; j < mst.length; j++) {
                        //寻找当前最小权值的边的顶点
                        if (mst[j].getWeight() < minweight) {
                                minweight = mst[j].getWeight();   //更新最小权值
                                min = j;                          //保存当前最小权值边的终点序号
                        }
                }
                Edge temp = mst[i];                               //交换最小权值的边
                mst[i] = mst[min];
                mst[min] = temp;
                int u = mst[i].getDest();                         //刚并入 U 的顶点
                //调整 mst[i+1]及其后元素为权值最小的边
                for (int j = i + 1; j < mst.length; j++) {
                        int v = mst[j].getDest();                 //原边在 V−U 中的终点
                        //若有权值更小的边(u, v)，则用(u, v)边替换原边
                        if (adjmatrix[u][v] < mst[j].getWeight()) {
                                mst[j].setWeight(adjmatrix[u][v]);
                                mst[j].setStart(u);
                        }
                }
                System.out.print("\nmst 数组： ");
                for (int j = 0; j < mst.length; j++) {
                        //显示 mst 数组的变化过程
                        System.out.print(mst[j].toString());
                }
        }
        //构造最小生成树相应的图对象，并返回
        return new MapMatrix(this.vertexlist, mst);
}
```

```
//输出 table 的内容
private String toString(int[] table) {
    if (table != null && table.length > 0) {
        String str = "{";
        for (int i = 0; i < table.length - 1; i++) {
            str += table[i] + ",";
        }
        return str + table[table.length - 1] + "}";
    }
    return null;
}


//以 Dijkstra 算法求带权图中顶点 v 的单源最短路径
public void Dijkstra(int v) {
    int n = this.vertexCount();          //顶点个数
    int[] dist = new int[n];             //最短路径长度
    int path[] = new int[n];             //最短路径的终点的前一个顶点
    int[] s = new int[n];                //已求出最短路径的顶点集合,初值全为 0
    s[v] = 1;                            //源点在集合 S 中的标记
    for (int i = 0; i < n; i++) {        //初始化 dist 和 path 数组
        dist[i] = this.adjmatrix[v][i];
        if (i != v && dist[i] < MAX_WEIGHT) {
            path[i] = v;
        } else {
            path[i] = -1;
        }
    }
    System.out.print("\ns 数组" + toString(s));
    System.out.print("\tpath 数组" + toString(path));
    System.out.print("\tdist 数组" + toString(dist));

    for (int i = 1; i < n; i++) {
        //寻找从顶点 v 到顶点 u 的最短路径,u 在 V-S 集合中
        int mindist = MAX_WEIGHT, u = 0;
        for (int j = 0; j < n; j++) {
            if (s[j] == 0 && dist[j] < mindist) {
                u = j;
                mindist = dist[j];
            }
```

```
                }
            s[u] = 1;                        //确定一条最短路径的终点 u 并入集合 S
            for (int j = 0; j < n; j++) {
                //调整从 v 到 V–S 中其他顶点的最短路径及长度
                if (s[j] == 0 && this.adjmatrix[u][j] < MAX_WEIGHT
                        && dist[u] + this.adjmatrix[u][j] < dist[j]) {
                    dist[j] = dist[u] + this.adjmatrix[u][j];
                    path[j] = u;
                }
            }
            System.out.print("\ns 数组" + toString(s));
            System.out.print("\tpath 数组" + toString(path));
            System.out.print("\tdist 数组" + toString(dist));
        }
        System.out.println("\n 从顶点" + get(v) + "到其他顶点最短路径如下：");
        int i = (v + 1)%(this.vertexCount());        //防止最大序号顶点加 1 而溢出
        while (i != v) {
            int j = i;
            String pathstr = "";
            while (path[j] != -1) {
                pathstr = "," + get(j) + pathstr;
                j = path[j];
            }
            pathstr = "(" + get(v) + pathstr + ")，路径长度为" + dist[i];
            System.out.println(pathstr);
            i = (i + 1) % n;
        }
    }
}
```

6.5.3　子任务 3　程序实现图的邻接表表示

图的邻接表表示需要定义邻接表顶点、顶点数据域、顶点的边单链表。邻接表表示实现程序中，在覆盖图抽象类中 MapAbstract.java 四个抽象方法后，再实现插入及删除顶点、插入及删除边等。

1. 定义顶点类

(1) 在 ch6Map 包中创建邻接表的顶点类 Vertex.java 文件，声明顶点数据域 data、顶点的边单链表 edgeLink，这两个成员属性均为私有(private)，并自动构造 getter()和 setter()方法；接着覆盖系统的 toString()方法。

(2) 顶点类 Vertex.java 的完整代码如下:

```java
package ch6Map;

import java.util.LinkedList;
//图的邻接表表示的顶点类
public class Vertex<E> {
    private E data;      //顶点数据域
    private LinkedList<Edge> edgeLink;//该顶点的边单链表

    //构造方法：顶点及其边链表
    public Vertex(E data, LinkedList<Edge> edgeLink) {
        this.data = data;    //顶点
        this.edgeLink = edgeLink;   //边链表
    }

    public Vertex(E data) {//构造方法：创建顶点空单链表
        //构造顶点时创建空单链表
        this(data, new LinkedList<Edge>());
    }

    @Override
    public String toString() {    //输出顶点数据
    //  return this.getData().toString();
        String temp= this.getData().toString().trim();
        if (Integer.parseInt(temp) ==Integer.MAX_VALUE){
            temp = "∞";
        }
        return temp;
    }

    //返回顶点数据
    public E getData() {
        return data;
    }

    //返回边链表
    public LinkedList<Edge> getEdgeLink() {
        return edgeLink;
    }
}
```

2. 邻接表表示的程序实现

(1) 在 ch6Map 包中创建 MapLinkedList.java 文件；覆盖四个抽象方法，返回顶点数 vertexCount()、顶点 v_i 的数据域 get(int i)、顶点 v_i 的第一个邻接顶点的序号 getFirstNeighbor (int i)、v_i 在 v_j 后的下一个邻接顶点的序号 getNextNeighbor(int i, int j)；插入顶点 insertVertex() 及删除顶点 removeVertex()，插入边 insertEdge()及删除边 removeEdge()等。

(2) 图的邻接表表示程序实现 MapLinkedList.java 的完整代码如下：

```java
package ch6Map;

import java.util.LinkedList;
import java.util.List;
//邻接表表示的图类
public class MapLinkedList<E> extends MapAbstract<E> {

    private List<Vertex<E>> vertexlist;        //顶点表

    //构造方法，创建顶点链表
    public MapLinkedList() {
        this.vertexlist = (List<Vertex<E>>) new LinkedList<Vertex<E>>();
    }

    //构造方法：以顶点集合和边集合构造一个图
    public MapLinkedList(E[] vertices, Edge[] edges) {
        this();    //调用构造方法，创建顶点链表
        for (int i = 0; i < vertices.length; i++) {
            insertVertex(vertices[i]);        //插入一个顶点
        }
        for (int j = 0; j < edges.length; j++) {
            insertEdge(edges[j]);             //插入一条边
        }
    }

    @Override//返回顶点数
    public int vertexCount() {
        return this.vertexlist.size();
    }

    @Override//返回顶点 vi 的数据元素
    public E get(int i) {
        return this.vertexlist.get(i).getData();
```

```
    }

    //插入一个顶点，若插入成功，则返回 true
    private boolean insertVertex(E vertex) {
        return this.vertexlist.add(new Vertex<E>(vertex));
    }


    //插入一条给定顶点 v_i 到 v_j(i、j 指定顶点序号)、权值为 weight 的边(方法重载)
    public boolean insertEdge(int i, int j, int weight) {
        if (i >= 0 && i < vertexCount() && j >= 0
                && j < vertexCount() && i != j) {
            LinkedList<Edge> slink = this.vertexlist.get(i).getEdgeLink();
            //在第 i 条单链表最后增加边节点
            return slink.add(new Edge(i, j, weight));
        }
        return false;
    }


    //插入一条给定的边(方法重载)
    private boolean insertEdge(Edge edge) {
        if (edge != null) {
            return insertEdge(edge.getStart(),
                    edge.getDest(), edge.getWeight());
        }
        return false;
    }


    @Override    //覆盖方法，获得图的顶点集合和邻接表
    public String toString() {
        String str = "顶点集合：" + vertexlist.toString() + "\n";
        str += "出边表：\n ";    //+edgeCount+"条边 ";
        //遍历第 i 条单链表
        for (int i = 0; i < vertexCount(); i++) {
            str += this.vertexlist.get(i).getEdgeLink().toString() + "\n";
        }
        return str;
    }


    //删除边<v_i, v_j>，i、j 指定顶点序号
```

```java
public boolean removeEdge(int i, int j) {
    if (i >= 0 && i < vertexCount() && j >= 0
            && j < vertexCount() && i != j) {
        //获得第 i 条边单链表
        LinkedList<Edge> slink = this.vertexlist.get(i).getEdgeLink();
        return slink.remove(new Edge(i, j, 1));
    }
    return false;
}


//删除序号为 v 的顶点及其关联的边，若删除成功，则返回 true
public boolean removeVertex(int v) {
    int n = vertexCount();                    //删除之前的顶点数
    if (v >= 0 && v < n) {
        //获得欲删除的第 v 条边单链表
        LinkedList<Edge> slink = this.vertexlist.get(v).getEdgeLink();
        int i = 0;
        Edge edge = slink.get(i);
        while (edge != null) {
            //删除对称的边
            this.removeEdge(edge.getDest(), edge.getStart());
            i++;
            edge = slink.get(i);
        }
        //删除顺序表的第 i 个元素，顶点数已减一
        this.vertexlist.remove(v);
        //未删除的边节点更改某些顶点序号
        for (i = 0; i < n - 1; i++) {
            //获得第 i 条边单链表
            slink = this.vertexlist.get(i).getEdgeLink();
            int j = 0;
            edge = slink.get(j);
            while (edge != null) {
                if (edge.getStart() > v) {
                    //顶点序号减 1
                    edge.setStart(edge.getStart() - 1);
                }
                if (edge.getDest() > v) {
                    edge.setDest(edge.getDest() - 1);
```

```
                    }
                    j++;
                    edge = slink.get(j);
                }
            }
            return true;
        }
        return false;
    }


    @Override        //返回顶点 v 的第一个邻接顶点的序号
    public int getFirstNeighbor(int v) {
        //若不存在第一个邻接顶点，则返回 -1
        return getNextNeighbor(v, -1);
    }


    @Override        //返回 v 在 w 后的下一个邻接顶点的序号
    public int getNextNeighbor(int v, int w) {
        //若不存在下一个邻接顶点，则返回 -1
        if (v >= 0 && v < vertexCount() && w >= -1 && w < vertexCount()) {
            //获得第 v 条边单链表
            LinkedList<Edge> slink = this.vertexlist.get(v).getEdgeLink();
            //返回单链表的第一个节点表示的边
            Edge edge = slink.get(0);
            int i = 0;
            while (edge != null) //寻找下一个邻接顶点
            {
                if (edge.getDest() > w) {
                    //返回下一个邻接顶点的序号
                    return edge.getDest();
                }
                i++;
                //返回单链表的第一个节点表示的边
                edge = slink.get(i);
            }
        }
        return -1;
    }
}
```

6.5.4 子任务 4 存储图邻接矩阵的文件读/写实现

1. 图的邻接矩阵信息

图的邻接矩阵信息有顶点的字符、两相连顶点的边权值，这些信息可以存放在程序中，也可以在使用时进行输入。如果将这些信息编写在程序中，那程序每次运行都一样，这是不好的方案；如果在运行时从键盘输入则又容易出错，效率也低，不便程序调试和使用。

针对上述问题，本任务使用文件存储，其特点如下：

(1) 可以由使用者创建邻接矩阵的顶点和边权值的文件。文件格式使用 .txt 格式，可以用"写字板"或"记事本"创建，文件存放目录和文件名由用户自定，例如：

```
A,   B,   C,   D,   E
0,   5,   14,  2,   ∞
5,   0,   16,  ∞,   10
14,  16,  0,   8,   4
2,   ∞,   8,   0,   6
∞,   10,  4,   6,   0
```

(2) 运行程序时由用户输入文件所在位置，格式为：盘符/文件夹/文件名.txt。如 d:/graph/123.txt。

(3) 为了方便操作，如果用户使用时不想创建文件，也可以完全由程序自动创建，文件名是"d:/graph/123.txt"，内容就是(1)中的数据。由方法 createFile()完成。

2. 文件读/写实现

在 ch6Map 包中创建 ReadWriteFile.java 文件，其完整代码如下：

```java
package ch6Map;

import java.io.File;
import java.io.FileWriter;
import java.io.IOException;
import java.util.Scanner;
import java.util.logging.Level;
import java.util.logging.Logger;

public class ReadWriteFile {

    private static final int N = 20;       //顶点个数常量为 20

    //从文件中第一行读取顶点的字符串信息
    public String[] readVertex(String pathfile) {
        String[] vertices = new String[N];
        try {
```

```
            //用换行进行过滤
            Scanner sn = new Scanner(new File(pathfile)).useDelimiter("\r\n");
            //读取第一行：顶点字符串, 分隔符是","
            vertices = sn.next().split(",");
        } catch (Exception e) {
        }
        return vertices;
    }

//从文件中第二行开始，读取矩阵中边的数据：顶点 $v_i$ 到 $v_j$ 边的权重
public Edge[] readEdge(String path) {
        //创建顶点 $v_i$ 与 $v_j$ 组成边的数组
        String[][] vertices = new String[N][N];
        Edge edges[] = new Edge[N * N];            //创建边数组
        try {
            //用换行进行过滤
            Scanner sn = new Scanner(new File(path)).useDelimiter("\r\n");
            sn.next();                             //移到第二行(第一行是顶点字符)
            int i = 0;
            while (sn.hasNextLine()) {             //开始读边的权重值
                //读取边的权重值，分隔符是","
                String[] ss = sn.next().split(",");
                //复制数组
                System.arraycopy(ss, 0, vertices[i], 0, ss.length);
                ++i;
            }
        } catch (Exception e) {
        }
        //构造边
        int k = 0;
        for (int i = 0; i < vertices.length; i++) {
            for (int j = 0; j < vertices[i].length; j++) {
                //创建边(其权重非空、非 0、非∞)
                if (vertices[i][j] != null && !vertices[i][j].trim().equals("0")
                        && (!vertices[i][j].trim().equals("∞"))) {
                    edges[k] = new Edge(i, j,
                            Integer.parseInt(vertices[i][j].trim()));
                    //System.out.println("" + edges[k]);   //输出：边(v_i, v_j, 权重)
                    k++;
```

```
                }
            }
            //System.out.println("");          //输出换行
        }
        return edges;                         //返回读取并构造好的边数组
    }


    //键盘输入文件位置和文件名(要先建立好文件)
    public String getFileName(char direction) {
        String pathfile;
        String select;
        Scanner scan = new Scanner(System.in);
        while (true) {//输入正确文件名
            System.out.println("文件位置和名字格式  盘符:/文件夹/文件名.扩展名");
            System.out.println("请输入已建好文件的位置和名字(如  d:/1.txt):");
            String pf = scan.next();          //键盘输入
            File dirpf = new File(pf);        //创建文件对象
            if (dirpf.exists()) {             //如果文件存在
                pathfile = pf;                //输入的文件名作为调用文件
                return pathfile;              //返回
            } else {                          //否则
                System.out.print("您的输入位置或文件名错误! ");
                System.out.println("继续输入(请输入 Y)?");
                System.out.println("其他输入，由系统创建文件位置和文件名");
                select = scan.next();
                if (select.toUpperCase().equals("Y")) {//选择 Y
                    continue;                 //继续输入
                } else {                      //否则,退出循环(由系统自动创建文件)
                    if (direction == 'u') {       //如果要建立无向图
                        pathfile = "d:/graph/u123.txt";
                    } else {     //否则，是有向图
                        pathfile = "d:/graph/d123.txt";
                    }
                    break;
                }
            }
        }
        pathfile = createFile(direction, pathfile);     //自动创建图文件
        return pathfile;
```

```
        }

        //构造一个带权的邻接矩阵文件：d:/graph/123.txt
        public String createFile(char direction, String pathfile) {
            try {
                //在 D 盘创建目录 map
                File[] fdir = new File[1];
                fdir[0] = new File("d:/map", "1.txt");
                fdir[0].getParentFile().mkdir();        //创建目录
                //创建读文件对象
                FileWriter fw = new FileWriter(pathfile);
                //创建 StringBuilder 对象 sb
                StringBuilder sb = new StringBuilder();
                //sb 用于存储顶点及邻接矩阵字符串，使用 append 连接矩阵的内容
                if (direction == '无') {            //带权无向图顶点和边上的权值
                    sb.append(" A, B, C, D, E\r\n");
                    sb.append(" 0, 5,14, 2,∞\r\n");
                    sb.append(" 5, 0,16,∞,10\r\n");
                    sb.append("14,16, 0, 8, 4\r\n");
                    sb.append(" 2,∞, 8, 0, 6\r\n");
                    sb.append("∞,10, 4, 6, 0");
                }
                if (direction == '有') {            //带权有向图顶点和边上的权值
                    sb.append(" A, B, C, D, E\r\n");
                    sb.append(" 0, 5,11, 1,∞\r\n");
                    sb.append(" 8, 0,15,∞,10\r\n");
                    sb.append(" 6, 3, 0, 4, 9\r\n");
                    sb.append(" 2,∞, 8, 0, 6\r\n");
                    sb.append("∞,12,14, 5, 0");
                }
                fw.write(sb.toString());         //写入文件
                fw.flush();                      //提交缓冲区内容
                fw.close();                      //关闭文件
                System.out.println("已经建立文件，位置和文件名：" + pathfile
                        + "，您可以修改文件");
                //JOptionPane.showMessageDialog(null, "已经建立文件");
            } catch (IOException ex) {           //异常处理，使用日记记录 Logger
                Logger.getLogger(ReadWriteFile.class.getName()).
                        log(Level.SEVERE, null, ex);
```

```
            }
        return pathfile;              //返回文件的路径和文件名，供读文件使用
    }
}
```

6.5.5　子任务 5　图的应用的程序实现

利用前面的创建文件存储及读/写，可以实现如下应用功能，学习者还可以根据需要创建更多的实现：

(1) 自动构造带权无向图。

(2) 自动构造带权有向图。

(3) 键盘输入带权无向图位置。

(4) 键盘输入带权有向图位置。

(5) 深度优先搜索遍历图。

(6) 广度优先搜索遍历图。

(7) 最小生成树的 Prim 算法。

(8) 求带权图的单源最短路径。

在 ch6Map 包中创建 MapMain.java 文件，根据以上功能，MapMain.java 的完整代码如下：

```java
package ch6Map;

//图操作主程序
import java.util.Scanner;

public class MapMain {

    public static void main(String args[]) {
        String[] vertices;                          //声明顶点数组
        Edge edges[];                               //声明边数组
        ReadWriteFile rf = new ReadWriteFile();     //创建读文件对象
        String pathfile = null;                     //声明存储图邻接矩阵的路径和文件名
        char direction = '无';                       //有向图或无向图
        //声明邻接矩阵表示的图
        MapMatrix<String> mapMatrix;
        MapLinkedList<String> mapList;

        Scanner scan = new Scanner(System.in);
        char select;                                //菜单选择字符
        do {
```

```
System.out.println("\n\t\t☆☆☆  图的功能选择菜单  ☆☆☆☆☆");
System.out.println("\t\t☆  【1】  自动构造带权无向图");
System.out.println("\t\t☆  【2】  自动构造带权有向图");
System.out.println("\t\t☆  【3】  键盘输入带权无向图位置");
System.out.println("\t\t☆  【4】  键盘输入带权有向图位置");
System.out.println("\t\t☆  【5】  深度优先搜索遍历图");
System.out.println("\t\t☆  【6】  广度优先搜索遍历图");
System.out.println("\t\t☆  【7】  最小生成树的 Prim 算法");
System.out.println("\t\t☆  【8】  求带权图的单源最短路径");
System.out.println("\t\t☆  【q】  退出系统！");
System.out.println("\t\t☆☆☆☆☆☆☆☆☆☆☆☆☆☆☆☆☆");
System.out.print("   \t\t 请选择： ");
select = scan.next().toLowerCase().charAt(0);
switch (select) {
    case '1':
        direction = '无';                    //标志置为无向图
        pathfile = "d:/map/u123.txt";
        rf.createFile(direction, pathfile);   //调用创建文件方法
        break;
    case '2':
        direction = '有';                    //标志置为有向图
        pathfile = "d:/map/d123.txt";
        rf.createFile(direction, pathfile);   //调用创建文件方法
        break;
    case '3':
        direction = '无';                    //标志置为无向图
        //获取存储图邻接矩阵的路径和文件名
        pathfile = rf.getFileName(direction);
        break;
    case '4':
        direction = '有';                    //标志置为有向图
        //获取存储图邻接矩阵的路径和文件名
        pathfile = rf.getFileName(direction);
        break;
    case '5':
        vertices = rf.readVertex(pathfile);   //读顶点字符串
        edges = rf.readEdge(pathfile);        //读文件中边权重
        //构造邻接矩阵表示的图
        mapMatrix = new MapMatrix<String>(vertices, edges);
```

```
        System.out.println(direction + "向图的深度优先搜索遍历结果:");
        //深度优先搜索遍历
        for (int i = 0; i < mapMatrix.vertexCount(); i++) {
            mapMatrix.depthFirstSeardchGraph(i);
        }
        break;
    case '6':
        vertices = rf.readVertex(pathfile);          //读顶点字符串
        edges = rf.readEdge(pathfile);               //读文件中边权重
        //构造邻接矩阵表示的图
        mapMatrix = new MapMatrix<String>(vertices, edges);
        System.out.println(direction + "向图的广度优先搜索遍历结果:");
        //广度优先搜索遍历
        for (int i = 0; i < mapMatrix.vertexCount(); i++) {
            mapMatrix.breadthFirstSearchGraph(i);
        }
        break;
    case '7':
        vertices = rf.readVertex(pathfile);          //读顶点字符串
        edges = rf.readEdge(pathfile);               //读文件中边权重
        //构造邻接矩阵表示的图
        mapMatrix = new MapMatrix<String>(vertices, edges);
        //调用 Prim 算法，并输出最小生成树
        System.out.println("\n 最小生成树，"
                + mapMatrix.Prim().toString());
        break;
    case '8':
        vertices = rf.readVertex(pathfile);          //读顶点字符串
        edges = rf.readEdge(pathfile);               //读文件中边权重
        //构造邻接矩阵表示的图
        mapMatrix = new MapMatrix<String>(vertices, edges);
        //输出所有顶点出发的最短路径
        int i;    //顶点序号
        for (i = 0; i < mapMatrix.vertexCount(); i++) {
            mapMatrix.Dijkstra(i);
        }
        //选择输出任一个顶点出发的最短路径
        do {
            System.out.println("\n 请输入顶点序号(0-"
```

```
                              + (mapMatrix.vertexCount() - 1) + ")");
                    i = scan.nextInt();
                    if (i >= 0 && i < mapMatrix.vertexCount()) {
                        break;
                    } else {
                        System.out.print("\n 顶点序号输入错误!");
                    }
                } while (true);
                mapMatrix.Dijkstra(i);
                //图的每一顶点到其他顶点的最短路径,调用 Dijkstra 算法
                break;
            default:
                System.out.println("您输入有误!请从新输入!\n");
                break;
            }
        } while (select != 'q');
        System.out.println("谢谢使用(^_^)~~拜拜");
        System.exit(0);
    }
}
```

具体的运行结果请学习者自行操作并查看。

课后任务

1. 学习图,模仿或按照教程中的程序代码,构建图程序实现。

2. 运行自己完成的图程序实现,并进行测试,以帮助理解本学习情境的数据结构和算法内容。

3. 对图中程序实现的不完善之处进行改进,或者写出更好的、创新的程序实现。

预习任务

请预习下一个学习情境:排序。

学习情境 7　排　　序

排序(sorting)是对数据结构序列中的数据按照指定关键字从小到大或从大到小的次序排列。排序是日常工作和软件设计中最常用的运算之一，排序可以提高查找效率。

排序算法有多种，本学习情境主要介绍插入排序、交换排序、选择排序和归并排序等算法。每种算法都有自己的特点和巧妙之处，通过本学习情境可以掌握排序设计思想和程序设计。

7.1　任务一　认识排序

7.1.1　子任务 1　学习排序基础知识

1. 排序

对一个数据表来说，不同的要求可能会选择不同的字段作为其关键字，如在档案表中，编号、姓名、职务、职称，年龄等均可作为关键字来排序。

2. 排序分类

排序的要求和方法较多，对此有不同的分类方法。

(1) 增排序和减排序。

如果排序的结果是按关键字从小到大的次序排列的，就是增排序，否则就是减排序。

(2) 内部排序和外部排序。

如果在排序过程中，数据表中的所有数据均在内存中，则称这类排序为内部排序，否则为外部排序。

程序设计语言中的排序大多是在数组中进行的，而数组本身就是内存的一部分，所以这种排序就是内部排序。在某些场合下，数据表中的内容可能较多，超出数组的内存容量，在这种情况下，排序过程中就需要将部分数据存放在外部存储器中，另一部分数据放在内存中排序。这一过程需要反复进行，直到排出全部次序为止。这一类排序就是外部排序。本教程主要学习内部排序。

(3) 稳定排序和不稳定排序。

在排序过程中，如果关键字相同的多个不同数据在排序前后的次序不变，则称为稳定排序，否则是不稳定排序。

3. 常见排序算法

排序算法有多种，按照各算法所采用的基本方法可将其划分为：插入排序、交换排序、选择排序、归并排序和基数排序。

7.1.2　子任务 2　排序算法的指标分析

对各种排序算法性能的评价主要在于时间性能和空间性能方面，对某些算法还可能要涉及其他一些相关性能的分析。

1. 时间性能分析

在分析排序算法的时间性能时，主要以算法中用得最多的基本操作的执行次数(或者其数量级)来衡量，这些操作主要是比较数据、移动或交换数据。在一些情况下，可能还要用这些操作次数的平均数来表示。

2. 空间性能分析

排序算法的实间性能主要是指在排序过程中所占用的辅助空间的情况，既是用来临时存储数据的内存，在某些情况下还可能是用于程序运行所需要的辅助空间。

7.1.3　子任务 3　程序算法的程序实现基础

为了在学习后续每一种算法时能马上实现程序运行，本子任务先构建主程序菜单和排序数产生方式等。

1. 创建主程序

(1) 创建排序的包，包名为 ch7Sort。

(2) 在包 ch7Sort 中创建排序主程序，命名为 SortMain.java。

① 为了方便操作，可以由系统自动产生 n 位随机数，也可以由操作者输入排序数据，所以创建 select()方法。

② 创建菜单操作项，菜单排序形式如下：

```
<<<<<<<<<排序算法菜单>>>>>>>>>
    1--插入排序 1：直接插入排序
    2--插入排序 2：希尔排序
    3--交换排序 1：冒泡排序
    4--交换排序 2：快速排序
    5--选择排序 1：直接选择排序
    6--选择排序 2：堆排序
    7--归并排序　：二路归并排序
    8--基数排序　：三位基数排序
    0    退出
```

③ 在 main()中调用菜单排序程序 SortMain.Menu()。

④ 主程序 SortMain.java 的完整代码如下：

```
package ch7Sort;


import java.util.Scanner;
```

```java
public class SortMain {

    //选择输入待排序数字的方式
    public static int select() {
        Scanner scan = new Scanner(System.in);
        int input;
        System.out.println("输入待排序数字的方式");
        System.out.println("\n1-机选                2-自己输入");
        System.out.println("(输入其他数字键系统默认为 2)\n");
        System.out.print("请选择：");
        input = scan.nextInt();
        if (input == 1) {
            return 1;
        } else {
            return 2;
        }
    }

    public static void Menu() {
        do {
            try {
                System.out.println("\n");
                System.out.print("\n <<<<<<<<<<排序算法菜单>>>>>>>>>\n");
                System.out.println("    1--插入排序 1：直接插入排序");
                System.out.println("    2--插入排序 2：希尔排序");
                System.out.println("    3--交换排序 1：冒泡排序");
                System.out.println("    4--交换排序 2：快速排序");
                System.out.println("    5--选择排序 1：直接选择排序");
                System.out.println("    6--选择排序 2：堆排序");
                System.out.println("    7--归并排序 ：二路归并排序");
                System.out.println("    8--基数排序 ：三位基数排序");
                System.out.println("    0    退出");
                System.out.print(" <<<<<<<<<<<<>>>>>>>>>>>>");
                System.out.print("\n 请根据菜单项选择 : ");
                Scanner sc = new Scanner(System.in);
                int inputNum = sc.nextInt();
                System.out.println();
                switch (inputNum) {
                    case 1:
                        if (select() == 1) {
```

```
                        System.out.print("请输入您要随机产生数字的个数");
                        int insertSize = sc.nextInt();
                        Sort.insertSort(Sort.random(insertSize));
                    } else {
                        System.out.print("请输入您要排序的数字个数：");
                        int insertSize = sc.nextInt();
                        Sort.insertSort(Sort.input(insertSize));
                    }

                    break;
                case 2:
                    if (select() == 1) {
                     System.out.print("请输入您要随机产生数字的个数：");
                        int shellSize = sc.nextInt();
                        Sort.shellSort((Sort.random(shellSize)));
                    } else {
                        System.out.print("请输入您要排序的数字个数：");
                        int shellSize = sc.nextInt();
                        Sort.shellSort((Sort.input(shellSize)));
                    }
                    break;
                case 3:
                    if (select() == 1) {
                     System.out.print("请输入您要随机产生数字的个数");
                        int bbeSize = sc.nextInt();
                        Sort.bubbleSort(Sort.random(bbeSize));
                    } else {
                        System.out.print("请输入您要排序的数字个数：");
                        int bbeSize = sc.nextInt();
                        Sort.bubbleSort(Sort.input(bbeSize));
                    }
                    break;
                case 4:
                    if (select() == 1) {
                     System.out.print("请输入您要随机产生数字的个数");
                        int quickSize = sc.nextInt();
                        Sort.quickSort(Sort.random(quickSize));
                    } else {
                        System.out.print("请输入您要排序的数字个数：");
                        int quickSize = sc.nextInt();
```

```
                    Sort.quickSort(Sort.input(quickSize));
                }
            break;
        case 5:
            if (select() == 1) {
             System.out.print("请输入您要随机产生数字的个数");
                    int selSize = sc.nextInt();
                    Sort.selectSort(Sort.random(selSize));
            } else {
                    System.out.print("请输入您要排序的数字个数：");
                    int selSize = sc.nextInt();
                    Sort.selectSort(Sort.input(selSize));
            }
            break;
        case 6:
            if (select() == 1) {
                System.out.print("请输入您要随机产生数字的个数");
                    int heaSize = sc.nextInt();
                    Sort.mergeSort(Sort.random(heaSize));
            } else {
                    System.out.print("请输入您要排序的数字个数：");
                    int heaSize = sc.nextInt();
                    Sort.mergeSort(Sort.input(heaSize));
            }
            break;
        case 7:
            if (select() == 1) {
             System.out.print("请输入您要随机产生数字的个数");
                    int shellSize = sc.nextInt();
                    Sort.shellSort((Sort.random(shellSize)));
            } else {
                    System.out.print("请输入您要排序的数字个数：");
                    int shellSize = sc.nextInt();
                    Sort.shellSort((Sort.input(shellSize)));
            }
            break;
        case 8:
            if (select() == 1) {
             System.out.print("请输入您要随机产生数字的个数");
                    int baseSize = sc.nextInt();
```

```
                    Sort.base(Sort.random(baseSize));
                } else {
                    System.out.print("请输入您要排序的数字个数: ");
                    int baseSize = sc.nextInt();
                    Sort.base(Sort.input(baseSize));
                }
                break;
            case 0:
                System.out.println("\n 欢迎下次再使用! ");
                System.exit(0);
            default:
                System.out.println("您的输入有误, 请输入 0-8\n");
            }
        } catch (Exception e) {

            System.out.println("\n 您的输入有误, 请输入数字! ");
        }
    } while (true);
}
public static void main(String[] args) {
    SortMain.Menu();
}
}
```

2. 创建排序类

在包 ch7Sort 中创建排序 Sort.java 类, 步骤如下:

(1) 构造产生 n 个随机数的 random(int n)方法。

(2) 构造输入要排序数字的 input(int n)方法。

(3) 构造输出数组元素的 printList(int[] list)方法。

(4) Sort.java 中三个操作方法的完整代码如下(注意, Sort.java 的所有代码在后续的各排序任务中逐步添加):

```
package ch7Sort;

import java.util.Scanner;

public class Sort {

    //产生 n 个随机数, 返回整型数组
    public static int[] random(int n) {
```

```java
        if (n > 0) {
            int list[] = new int[n];
            for (int i = 0; i < list.length; i++) {
                //产生一个 0～100 之间的随机数
                list[i] = (int) (Math.random() * 100);
            }
            return list;   //返回待排序随机数组
        }
        return null;
    }

//输入要排序的数字
public static int[] input(int n) {
    Scanner scan = new Scanner(System.in);
    int[] input = new int[n];
    System.out.print("请输入要排序的数: ");
    for (int i = 0; i < input.length; i++) {
        input[i] = scan.nextInt();
    }
    return input;
}

//输出数组元素
public static void printList(int[] list) {
    if (list != null) {
        for (int i = 0; i < list.length; i++) {
            System.out.print(" " + list[i]);
        }
    }
    System.out.println();
}
}
```

7.2　任务二　插入排序

　　插入排序(insertion sort)的基本思想是: 将待排序表看做是左、右两部分, 其中左边为有序区, 右边为无序区, 每趟排序将右部一个数据, 按其关键字大小, 插入到它左部已排序的子序列中, 使得插入后的子序列仍是排序的, 依次重复直到全部数据插入完毕。

插入排序算法有三种：直接插入排序、折半插入排序、希尔排序。本任务主要学习直接插入排序和希尔排序。

7.2.1　子任务 1　直接插入排序

1．直接插入排序算法

(1) 第 $i(1 \leq i < n)$ 趟，数据序列为 $\{a_0, a_1, \cdots, a_{i-1}, a_i, \cdots, a_{n-1}\}$，当前 i 个数据构成的子序列 $\{a_0, a_1, \cdots, a_{i-1}\}$ 是排序的，将数据插入到子序列 $\{a_0, a_1, \cdots, a_{i-1}\}$ 的适当位置，使插入后的子序列仍然是排序的，a_i 的插入位置由关键字比较决定。

(2) 重复上述操作，n 个数据共需 n-1 趟扫描，每趟将一个数据插入到它前面的子序列中。

2．直接插入排序实例

假设要排序的数字是：67 89 30 73 79 35 37 25 37

直接排序操作过程如下：

第 1 趟：　67 89 ‖ 30 73 79 35 37 25 37

第 2 趟：　30 67 89 ‖ 73 79 35 37 25 37

第 3 趟：　30 67 73 89 ‖ 79 35 37 25 37

第 4 趟：　30 67 73 79 89 ‖ 35 37 25 37

第 5 趟：　30 35 67 73 79 89 ‖ 37 25 37

第 6 趟：　30 35 37 67 73 79 89 ‖ 25 37

第 7 趟：　25 30 35 37 67 73 79 89 ‖ 37

第 8 趟：　25 30 35 37 37 67 73 79 89 ‖

排序后的结果是：25 30 35 37 37 67 73 79 89

3．算法分析

(1) 稳定性：由于算法在搜索插入位置的过程中遇到相等的数据时就停止，因而该算法为稳定的排序算法。

(2) 空间性能：该算法仅需要一个记录的辅助存储空间，直接插入排序的空间复杂度为 O(1)。

(3) 时间性能：设数据序列有 n 个数据，直接插入排序算法执行 n-1 趟，每趟的比较次数和移动次数与数据序列的初始化排列有关。以下分最好、最坏和随机三种情况分析直接插入排序算法的时间复杂度。

① 数据序列已排序(最好情况)的时间复杂 O(n)。若一个数据序列已排序，每一趟数据 a_i 与 a_{i-1} 比较 1 次，移动次数为 2(list[i]到 temp 再返回)，则总比较次数为 n-1，总移动次数为 2(n-1)。因此，直接插入排序算法在最好情况下的时间复杂度为 O(n)。

② 数据序列反排列(最坏情况)的时间复杂度为 $O(n^2)$。若一个数据序列已排列，则第 i 趟插入数据 a_i 的比较次数为 i，移动次数为 i+2。总比较次数 C 和移动次数 M 分别为

$$C = \sum_{i=1}^{n-1} i = \frac{n(n-1)}{2} = \frac{n \times n}{2}$$

$$M = \sum_{i=1}^{n-1}(i+2) = \frac{(n-1)(n+4)}{2} = \frac{n \times n}{2}$$

因此，直接插入排序算法在最坏情况下的时间复杂度为 $O(n^2)$。

③ 数据序列随机排列的时间复杂度为 $O(n^2)$。若一个数据序列随机排列，第 i 趟插入数据 a_i，则在等概念情况下，在前 i 个数据组成的子序列 $\{a_0, a_1, \cdots, a_{i-1}\}$ 中，查找一个数据的平均比较次数为 $(i+1)/2$，插入一个数据的平均移动次数为 $i/2$。直接插入排序的比较次数 C 和移动次数 M 分别为

$$C = \sum_{i=1}^{n}\frac{i+1}{2} = \frac{1}{4}n^2 + \frac{3}{4}n + 1 \approx \frac{n^2}{4}$$

$$M = \sum_{i=1}^{n}\frac{i}{2} = \frac{n(n+1)}{4} \approx \frac{n^2}{4}$$

因此，直接插入排序的时间复杂度为 $O(n^2)$。

总之，数据序列的初始排列越接近有序，直接插入排序的时间效率越高，其时间效率在 $O(n)$ 到 $O(n^2)$ 之间。

4．直接插入排序程序实现

在 Sort.java 类中增加直接插入排序的算法程序代码，并在主程序中调用，直接插入排序算法完整代码如下：

```
//直接插入排序
public static void insertSort(int[] list) {
    //数组是引用类型，元素值将被改变
    System.out.print("您要排序的数字是：");
    printList(list);
    System.out.println("\n 直接插入排序\n");
    for (int i = 1; i < list.length; i++) //n-1 趟扫描
    {
        //每趟将 list[i]插入到前面已排序的序列中
        int temp = list[i], j;
        //将前面较大元素向后移动
        for (j = i - 1; j > -1 && temp < list[j]; j--) {
            list[j + 1] = list[j];
        }
        //temp 值到达插入位置
        list[j + 1] = temp;
        System.out.print("第" + i + "趟: ");
        printList(list);
    }
```

```
        System.out.print("\n 排序后的结果是: ");
        printList(list);
    }
```

7.2.2　子任务 2　希尔排序

希尔排序(shell sort)是 D.L.Shell 在 1959 年提出的, 又称缩小增量排序(diminishing increment sort), 基本思想是分组的直接插入排序。

1. 希尔排序

直接插入排序算法的时间性能取决于数据的初始特性。一般情况下, 时间复杂度为 $O(n^2)$, 但是当序列为正序或基本有序(即表中逆序的数据较少, 或者说表中每个数据距离其最终位置的差距不大)时, 时间复杂度为 $O(n)$。因此, 若能在此之前将排序序列调整为基本有序, 则排序的效率会大大提高。另一方面, 如果数据个数较少, 则直接插入排序的效率也较高。希尔排序正是基于这样的考虑。

2. 基本思想

希尔排序的基本思想是: 将待排序列划分为若干组, 在每组内进行直接插入排序, 以使整个序列基本有序, 然后再对整个序列进行直接插入排序。

这种排序的关键是如何分组, 如果简单地逐段分割, 则难以达到基本有序的目地。为此采用间隔方法分组, 分组方法为: 对给定的一个步长 delta (delta>0), 将下标相差为 delta 的倍数的数据分在一组, 这样共得到 d 组。

delta 取什么值? 事实上, delta 的取值有多个, 并且组成一个序列, 典型的取值依次为 $d_1 = n/2$, $d_2 = d_1/2$, $\cdots$, $d_k = 1$, 这样, 随着步长 d_i 的逐渐缩小, 每组规模不断扩大。当步长取值为 1 时, 整个序列在一组内执行直接插入排序, 这是希尔排序所必需的。通过前面若干趟的初步排序, 使得此时的序列基本有序, 因而只需较少的比较和移动次数。

3. 希尔排序算法

(1) 将一个数据序列分成若干组, 每组由若干相隔一段距离的数据组成, 这段距离称为增量 delta(增量的初始值为数据序列长度的一半), 在一个组内采用直接插入排序算法进行排序。

(2) 以后每趟增量 delta 逐渐缩半, 最后值为 1, 随着增量逐渐减小, 组数也减小, 组内元数个数增加, 整个序列则接近有序。当增量为 1 时, 只有一组的数据是整个序列, 再进行一次直接插入排序即可。

4. 希尔排序实例

假设要排序的数是: 51 38 10 86 85 80 65 65 25 73 24 49 8 59 20

希尔排序操作过程如下:

delta=7	20 25 10 24 49 8 59 51 38 73 86 85 80 65 65
delta=3	20 25 8 24 49 10 59 51 38 73 65 65 80 86 85
delta=1	8 10 20 24 25 38 49 51 59 65 65 73 80 85 86

排序后的结果是: 8 10 20 24 25 38 49 51 59 65 65 73 80 85 86

5．算法分析

(1) 希尔排序时间性能的分析是一个复杂的问题。考虑到每一趟都是在上一趟的基础上进行的，故可认为是基本有序，因而各趟的时间复杂度为 O(n)。由于按每次取上一个步长的一半的方式进行，故需要的趟数为 lb^n，由此可知，整个排序算法的时间复杂度为 $O(n \times lb\ n)$。

(2) 该算法显然是不稳定的。

6．希尔排序程序实现

在 Sort.java 类中增加希尔排序的算法程序代码，并在主程序中调用，希尔排序算法的完整代码如下：

```java
//希尔排序
public static void shellSort(int[] list) {
    System.out.print("您要排序的数字是：");
    printList(list);
    System.out.println("\n 希尔排序\n");
    //控制增量，增量减半，若干趟扫描
    for (int delta = list.length / 2; delta > 0; delta /= 2) {
        //一趟中若干组，每个元素在自己所属组内进行直接插入排序
        for (int i = delta; i < list.length; i++) {
            int temp = list[i];          //当前待插入元素
            int j = i - delta;           //相距 delta 远
            //一组中前面较大的元素向后移动
            while (j >= 0 && temp < list[j]) {
                list[j + delta] = list[j];
                j -= delta;              //继续与前面的元素比较
            }
            list[j + delta] = temp;      //插入元素位置
        }
        System.out.print("delta=" + delta + "    ");
        printList(list);
    }
    System.out.print("\n 排序后的结果是：");
    printList(list);
}
```

7.3　任务三　交换排序

交换排序的基本思想是：两两比较待排序列的数据，发现倒序即交换。基于这种思想，有两种排序：冒泡排序和快速排序。

7.3.1　子任务 1　冒泡排序

1. 冒泡排序

冒泡排序(bubble sort)的基本思想是：从一端开始，逐个比较相邻的两个数据，发现倒序即交换。典型的做法是从后往前或从下往上逐个比较相邻数据，发现倒序即进行交换。这样一遍下来，一定能将其中最大(或最小)的数据交换到其最终位置上。如果约定为最上面，就像水中的气泡那样冒到水面上，故此得名。由于一趟只能使一个"气泡"到位，因此必须对余下数据重复上述过程，即要重复 n−1 次冒泡操作。

2. 冒泡排序操作实例

排序的数字是：　92 72 97 74 57 90 16 50

冒泡排序操作过程(大数沉底)如下：

第 1 趟：　72 92 74 57 90 16 50 ‖ 97

第 2 趟：　72 74 57 90 16 50 ‖ 92 97

第 3 趟：　72 57 74 16 50 ‖ 90 92 97

第 4 趟：　57 72 16 50 ‖ 74 90 92 97

第 5 趟：　57 16 50 ‖ 72 74 90 92 97

第 6 趟：　16 50 ‖ 57 72 74 90 92 97

第 7 趟：　16 ‖ 50 57 72 74 90 92 97

排序后的结果是：　16 50 57 72 74 90 92 97

3. 冒泡排序算法分析

(1) 时间复杂度。一般情况下，冒泡排序的时间复杂度为 $O(n^2)$。最好情况是数据的初始序列已排序，只需一趟扫描，比较次数为 n，没有数据移动，时间复杂度是 $O(n)$。最坏情况是数据反序排列，需要 n−1 趟扫描，比较次数和移动次数都是 $O(n^2)$，时间复杂度是 $O(n^2)$。总之，数据序列的初始排列越接近有序，冒泡排序的时间效率越高，其时间效率在 $O(n)$ 到 $O(n^2)$ 之间。

(2) 冒泡排序需要一个辅助空间用于交换两个数据，空间复杂度为 $O(1)$。

(3) 冒泡排序算法是稳定的。

4. 冒泡排序程序实现

在 Sort.java 类中增加冒泡排序的算法及交换算法 swap()程序代码，并在主程序中调用，冒泡排序算法的完整代码如下：

```
//交换数组中下标为 i、j 的元素
public static void swap(int[] list, int i, int j) {
    //判断 i、j 是否越界
    if (i >= 0 && i < list.length && j >= 0 && j < list.length && i != j) {
        int temp = list[j];
        list[j] = list[i];
        list[i] = temp;
    }
```

```
    }

    //冒泡排序
    public static void bubbleSort(int[] list) {
        System.out.print("您要排序的数字是：");
        printList(list);
        System.out.println("\n 冒泡排序\n");
        boolean exchange = true;              //是否交换的标记
        //有交换时再进行下一趟，最多 n-1 趟
        for (int i = 1; i < list.length && exchange; i++) {
            exchange = false;             //假定元素未交换
            //一次比较、交换
            for (int j = 0; j < list.length - i; j++) {
                if (list[j] > list[j + 1]) {   //反序时，交换
                    int temp = list[j];
                    list[j] = list[j + 1];
                    list[j + 1] = temp;
                    exchange = true;      //有交换
                }
            }
            System.out.print("第" + i + "趟: ");
            printList(list);
        }
        System.out.print("\n 排序后的结果是：");
        printList(list);
    }
```

7.3.2　子任务 2　快速排序

由于冒泡排序算法中是以相邻数据来比较和交换的，因此，若一个数据离其最终位置较远，则需要执行较多次数的比较和移动操作。是否可以改变一下比较的方式，以使比较和移动操作更少一些？快速排序算法即是对冒泡排序算法的改进。

1. 快速排序的基本思想

快速排序是一种分区交换排序算法，具体表现如下：

(1) 选定一个数据作为中间数据，然后将表中所有数据与该中间数据相比较，将表中比中间数据小的数据调到表的前面，将比中间数据大的数据调到后面，再将中间数据放在这两部分之间作为分界点，这样便得到一个划分。

(2) 对左、右两部分分别进行快速排序，即对所有得到的两个子表再采用相同的方式来划分和排序，直到每个子表仅有一个数据或为空表为止。此时便得到一个有序表。

快速排序算法通过一趟排序操作将待排序序列划分成左、右两部分，使得左边任一数据不大于右边任一数据，然后再分别对左、右两部分分别进行(同样的)排序，直至整个数据表有序为止。

由此可见，对数据表进行划分是快速排序算法的关键。

2. 快速排序划分实现

为实现划分，首先需要解决"中间数"的选择：作为参考点的中间数的选择没有特别的规定，可有多种选择方法，如选择第一个数据，中间的某个数据或其他形式等。较典型的方法是选第一个数据。

(1) 选取第一个数据作为基准值，空出第一个数据位置；i、j 分别是数据序列前后两端数据的下标，将 j 位置数据与基准值比较，若小则移动到序列前端下标为 i 的空位置，i++，此时 j 位置空出。

(2) 将 i 位置数据与基准值比较，若大则移动到序列后端的 j 空位置，j--。

(3) 重复(2)，直到 i==j，数据序列中的每个数据都与基准值比较过了，并已将小于基准值的数据移动到前端，将大于基准值的数据移动到后端，当前 i(j) 位置则是基准值的最终位置。

3. 快速排序操作实例

需要排序的数是：80 2 99 19 40 41

快速排序过程如下(序列的下界..序列的上界，vot 是基准值)：

　　0..5,　vot=80　　41 2 40 19 80 99

　　0..3,　vot=41　　19 2 40 41 80 99

　　0..2,　vot=19　　2 19 40 41 80 99

快速排序的结果是：2 19 40 41 80 99

4. 快速排序算法分析

(1) 时间复杂度：一趟划分算法的时间复杂度为 O(n)，因此，要分析整个快速排序算法的时间复杂度，就要分析其划分的趟数。这可能有多种情况：

① 理想情况下，每次所选的中间数据正好能将子表几乎等分为两部分，为便于分析，认为是等分。这样，经过 lb n 趟划分便可使所划分的各子表的长度为 1。由于一趟划分所需的时间与数据个数成正比，因而可认为是 c×n(c 为某常数)。所以整个算法的时间复杂度为 O(n × lb n)。

② 极端坏情况是：每次所选的中间数据为其中最大或最小的数据，这将使每次划分所得的两个子表中的一个变为空表，另一子表的长度为原长度−1，因为需要进行 n−1 趟划分，而每趟划分中需扫描的数据个数为 n−i+1(i 为趟数)，因而整个算法的时间复杂度为 O(n²)。

③ 一般情况下，从统计意义上说，选择的中间数据是最大或最小的概率较小，因而可以认为快速排序算法的平均时间复杂度 O(k × n × lb n)，其中 k 为某常数。经验明，在所有同量级的此类排序方法中，快速排序算法的常数因子 K 最小。因此，从平均时间性能来说，快速排序目前被认为是最好的一种内部排序方法。

(2) 空间复杂度：快速排序算法在递归调用过程中需要使用栈保存参数，栈所占用的空间与递归调用的次数有关，最好情况下空间复杂度为 O(lb n)；最坏情况下空间复杂度为

O(n)；平均空间复杂度为 O(lb n)。

(3) 稳定性：快速排序算法显然是不稳定排序。

5. 快速排序程序实现

在 Sort.java 类中增加快速排序的算法程序代码，并在主程序中调用，快速排序算法的完整代码如下：

```
//快速排序
    public static void quickSort(int[] list) {
        System.out.print("您要排序的数字是： ");
        printList(list);
        System.out.println("\n 快速排序\n");
        quickSort(list, 0, list.length - 1);
    }


    //一趟快速排序，递归算法
    private static void quickSort(int[] list, int low, int high) {
        //low、high 指定序列的下界和上界
        if (low < high) {                       //序列有效
            int i = low, j = high;
            int vot = list[i];                  //第一个值作为基准值
            while (i != j) {                    //一趟排序
                while (i < j && vot <= list[j]) { //从后向前寻找较小值
                    j--;
                }
                if (i < j) {
                    list[i] = list[j];   //较小元素向前移动
                    i++;
                }
                while (i < j && list[i] < vot) {   //从前向后寻找较大值
                    i++;
                }
                if (i < j) {
                    list[j] = list[i];          //较大元素向后移动
                    j--;
                }
            }
            list[i] = vot;                      //基准值的最终位置
            System.out.print(low + ".." + high + ",    vot=" + vot + "    ");
            printList(list);
            quickSort(list, low, j - 1);           //前端子序列再排序
```

```
        quickSort(list, i + 1, high);              //后端子序列再排序
    }
}
```

7.4　任务四　选择排序

选择排序的基本思想是：在每一趟排序中，在待排序子序列中选出关键字最小或最大的数据放在其最终位置上。基于这一思想的排序方法有多种，本任务介绍其中两种选择典型排序方法，即直接选择排序和堆排序。

7.4.1　子任务 1　直接选择排序

直接选择排序算法采用的方法较直观：通过在待排序子序列中选择最大(小)数据，并将该数据放在子表的最前(后)面。这是选择排序中最简单的一种。

1. 直接选择排序算法

直接选择排序(straight select sort)算法：

(1) 第一趟从 n 个数据的数据序列中选出关键字最小(或最大)的数据并放到最前(或最后)位置。

(2) 第 i 趟再从 n−i+1 个数据中选出最小(大)的数据并放到次前(后)位置。

(3) 重复(2)，经过 n−1 趟完成排序。

2. 直接选择排序实例

假设要排序的数字是：84 25 71 51 81 84 53 14

直接选择排序操作过程如下：

第 0 趟：　[14] 25 71 51 81 84 53 84

第 1 趟：　[14 25] 71 51 81 84 53 84

第 2 趟：　[14 25 51] 71 81 84 53 84

第 3 趟：　[14 25 51 53] 81 84 71 84

第 4 趟：　[14 25 51 53 71] 84 81 84

第 5 趟：　[14 25 51 53 71 81] 84 84

第 6 趟：　[14 25 51 53 71 81 84] 84

排序后的结果是：14 25 51 53 71 81 84 84

3. 直接选择排序算法分析

(1) 直接选择排序的比较次数与数据序列的初始排列无关。第 i 趟排序的比较次数是 n−i，总比较次数为

$$C = \sum_{i=1}^{n-1}(n-i) = \frac{n(n-1)}{2} \approx \frac{n^2}{2}$$

移动次数与数据序列的初始排列无关。当数据序列已排序时，移动次数 M=0；当数据

序列反序排列时，每一趟排序都要交换，移动次数 $M = 3 \times (n-1)$。因此，直接选择排序的时间复杂度为 $O(n^2)$。

(2) 直接选择排序的空间复杂度为 $O(1)$。

(3) 直接选择排序算法是不稳定的。

4．直接选择排序程序实现

在 Sort.java 类中增加直接选择排序的算法程序代码，并在主程序中调用，直接选择排序算法的完整代码如下：

```java
//直接选择排序
public static void selectSort(int[] list) {
    System.out.print("您要排序的数字是：");
    printList(list);
    System.out.println("\n 直接选择排序\n");
    for (int i = 0; i < list.length - 1; i++) {          //n-1 趟排序
        //每趟在从 list[i]开始的子序列中寻找最小元素
        int min = i;                                     //设第 i 个数据元素最小
        for (int j = i + 1; j < list.length; j++) {      //在子序列中查找最小值
            if (list[j] < list[min]) {
                min = j;                                 //记住最小元素下标
            }
        }
        if (min != i) {                                  //将本趟最小元素交换到前边
            int temp = list[i];
            list[i] = list[min];
            list[min] = temp;
        }
        System.out.print("第" + i + "趟: ");
        printList(list);
    }
    System.out.print("\n 排序后的结果是：");
    printList(list);
}
```

7.4.2 子任务2 堆排序

堆排序(heap sort)是完全二叉树的应用，是充分利用完全二叉树特性的一种选择排序。

1．什么是堆

设 n 个数据的数据序列 $\{k_0, k_1, \cdots, k_{n-1}\}$，当且仅当满足

$$k_i \leq k_{2i+1} \quad 且 \quad k_i \leq k_{2i+2} \qquad i = 0, 1, 2, \cdots, \left[\frac{n}{2} - 1\right]$$

时，序列 $\{k_0, k_1, \cdots, k_{n-1}\}$ 称为最小堆。

或 $$k_i \geq k_{2i+1} \quad 且 \quad k_i \geq k_{2i+2} \qquad i = 0, 1, 2, \cdots, \left[\frac{n}{2} - 1\right]$$

时，序列 $\{k_0, k_1, \cdots, k_{n-1}\}$ 称为最大堆。

将最小(大)堆看成是一棵完全二叉树的层次遍历序列，则任意一个节点的关键字值都小于等于(大于等于)它的孩子节点的关键字值，由此可知，根节点值最小(大)。最小(大)堆及其完全二叉树如图 7-1 所示。

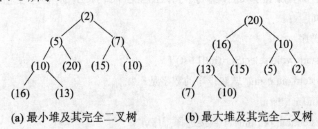

(a) 最小堆及其完全二叉树　　　(b) 最大堆及其完全二叉树

图 7-1　最小(大)堆及其完全二叉树

根据二叉树的性质 5，完全二叉树中的第 i($0 \leq i < n$)个节点如果有孩子，则左孩子为第 $2i+1$ 个节点，右孩子为第 $2i+2$ 个节点。

2. 堆排序算法

回顾一下二叉树的性质 5：一棵具有 n 个节点的完全二叉树，对序号为 i($0 < i \leq n$)的节点，有

若 $i=1$，则 i 为根节点，无父母节点；

若 $i>1$，则 i 的父母节点序号为 $int((i-1)/2)$；

若 $2i \leq n$，则 i 的左孩子节点序号为 $2i$，否则 i 无左孩子；

若 $2i+1 \leq n$，则 i 的右孩子节点序号为 $2i+1$，否则 i 无右孩子。

可知，一个线性序列中的数据与一棵完全二叉树中的节点一一对应。完全二叉树要承担排序任务，节点之间的大小关系还必须满足堆序列定义。

堆排序算法：

(1) 构建完全二叉树，序列中第 i 个数据作为二叉树的第 i 个节点，形成初始堆，如图 7-2(a)所示。

(2) 调整二叉树成为堆序列，根节点值是最小(大)值，图 7-2(b)～(e)所示。

(3) 每趟将根节点值(最小/最大)输出，即交换到二叉树后面。

(4) 将未排序的其余节点调整成堆，重复(2)、(3)，直到排序完成。

3. 堆排序过程

对序列(9)(3)(18)(4)(17)(13)(5)(16)堆排序的过程如下：

(1) 构建最小堆(从最后节点开始往前，小于父节点的，要与父节点交换)。

堆排序操作过程如下：

堆下界: 3 到上界: 7　　9 3 18 4 17 13 5 16 (见图 7-2(b))

堆下界: 2 到上界: 7　　9 3 5 4 17 13 18 16 (见图 7-2(c))

堆下界: 1 到上界: 7　　9 3 5 4 17 13 18 16 (见图 7-2(d))

堆下界: 0 到上界: 7　　3 9 5 4 17 13 18 16 (见图 7-2(e)，排序第 1 趟)

堆下界:0 到上界:6　4 9 5 16 17 13 18 3 (排序第 2 趟)

堆下界:0 到上界:5　5 9 13 16 17 18 4 3 (排序第 3 趟)

堆下界:0 到上界:4　9 16 13 18 17 5 4 3 (排序第 4 趟)

堆下界:0 到上界:3　13 16 17 18 9 5 4 3 (排序第 5 趟)

堆下界:0 到上界:2　16 18 17 13 9 5 4 3 (排序第 6 趟)

堆下界:0 到上界:1　17 18 16 13 9 5 4 3 (排序第 7 趟)

堆下界:0 到上界:0　18 17 16 13 9 5 4 3 (排序第 8 趟)

排序后的结果是：18 17 16 13 9 5 4 3

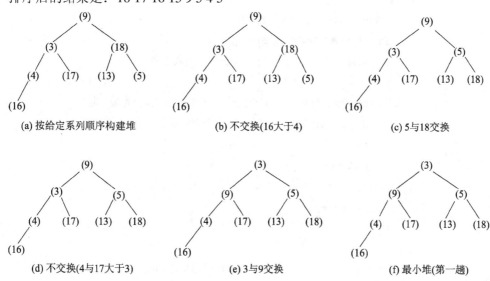

图 7-2　最小/大堆及其完全二叉树

(2) 输出根节点，输出根节点(3)，即(16)与(3)交换，如图 7-3(a)所示，形成新的序列 (16)(9)(5)(4)(17)(13)(18)；继续构造最小堆，得到最小堆(4)(9)(5)(16)(17)(13)(18)，如图 7-3(b) 所示。

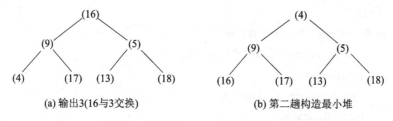

图 7-3　输出根节点，继续构造最小堆

4. 堆排序算法分析

(1) 时间复杂度：建立和调整堆排序的时间复杂度为 O(lb n)，因为堆排序的时间复杂度 为 O(n × lb n)。

(2) 空间复杂度：堆排序的空间复杂度为 1。

(3) 堆排序算法是不稳定的。

5. 堆排序程序实现

在 Sort.java 类中增加堆排序的算法程序代码，并在主程序中调用，堆排序算法的完整代码如下：

```
//将以 low 为根的子树调整成最小堆
private static void createHeap(int[] list, int low, int high) {
    //low、high 是序列下界和上界
    int i = low;                          //子树的根
    int j = 2 * i + 1;                    //j 为 i 节点的左孩子
    int temp = list[i];                   //获得第 i 个元素的值
    while (j <= high) {                   //沿较小值孩子节点向下筛选
        //数组元素比较(改成<为最大堆)
        if (j < high && list[j] > list[j + 1]) {
            j++;                          //j 为左右孩子的较小者
        }
        if (temp > list[j]) {             //若父母节点值较大(改成<为最大堆)
            list[i] = list[j];            //孩子节点中的较小值上移
            i = j;                        //i、j 向下一层
            j = 2 * i + 1;
        } else {
            j = high + 1;
        }
    }
    list[i] = temp;                       //当前子树的原根值调整后的位置
    System.out.print("堆下界:" + low + " 到上界:" + high + "    ");
    printList(list);
}


//堆排序
public static void heapSort(int[] list) {
    System.out.print("您要排序的数字是：");
    printList(list);
    System.out.println("堆排序");
    int n = list.length;
    for (int j = n / 2 - 1; j >= 0; j--) {        //创建最小堆
        createHeap(list, j, n - 1);
    }
    //每趟将最小值交换到后面，再调整成堆
    for (int j = n - 1; j > 0; j--) {
        int temp = list[0];
        list[0] = list[j];
        list[j] = temp;
```

```
            createHeap(list, 0, j - 1);
        }
        System.out.print("\n 排序后的结果是：");
        printList(list);
    }
```

7.5　任务五　归并排序——两路归并排序

归并排序是一种基于归并方法的排序方法，将两个已排序的子序列合并，形成一个已排序数据序列，又称两路归并排序。

7.5.1　子任务 1　归并排序

1. 归并

归并是指两个或者两个以上的有序表合并成一个新的有序表。

设两个序列 A = (a_1, a_2, a_3, …)和 B = (b_1, b_2, b_3, …)均为非降序列，分别存储在 A、B 两个表中，现在要求将 A 和 B 这两个表合并为一个非降序列 C=(C_1, C_2, C_3, C_4, …)并存储在 C 表中，分析如下：

(1) 显然，C 表的第一个数据 C_1 是从 A 或 B 的第一个数据选出来的。

(2) 假设 A 和 B 表中各有若干个数据被选到 C 表中，不妨用 i_a 和 i_b 分别指向 A 和 B 表中余下数据的第一个数据，则可能有如下两种情况：

① A[i_a]≤B[i_b]：说明数据 A 在 C 表中的位置应在 B[i_b]前，故将其放到 C 表的表尾，然后再用 A[i_a]的下一个数据与 B[i_b]比较确定下一个进入 C 表的数据。

② 否则，说明数据 B[i_b]在 C 表中的位置应在 A[i_a]前，故将其放到 C 表的表尾，然后再将 B[i_b]的下一个数据与 A[i_a]比较，以确定下一个进入 C 表的数据。

(3) 操作(2)的前提是 A 和 B 两个表中都有数据，如果有一个表为空，则应将另一表中的余下数据全部添加到 C 表的表尾。

2. 归并排序

利用归并的思想进行排序：将 n 个数据的表看成是 n 个有序子表(每个数据都是有序的)，每个子表的长度为 1，再两两归并，得到 n/2 个长度为 2 的有序子表，然后再两两归并，得到 n/4 个长度为 4 的有序子表。以此类推，直至得到每一个长度为 n 的有序表为止。

假设要排序的数字是：　91 64 6 46 22 93 15 38 13 57 63 31

归并排序如下：

子序列长度 n=1　　[64 91] [6 46] [22 93] [15 38] [13 57] [31 63]

子序列长度 n=2　　[6 46 64 91] [15 22 38 93] [13 31 57 63]

子序列长度 n=4　　[6 15 22 38 46 64 91 93] [13 31 57 63]

子序列长度 n=8　　[6 13 15 22 31 38 46 57 63 64 91 93]

3. 归并排序算法分析

(1) 时间复杂度：n 个数据的归并排序，每趟比较 n−1 次，共进行 lb n 趟，因此时间复杂度为 O(n × lb n)。

(2) 空间复杂度：归并排序需要 O(n)容量的附加空间，与数据序列的存储容量相等，空间复杂度为 O(n)。

(3) 稳定性：归并排序算法是稳定的。

7.5.2　子任务 2　归并排序的程序实现

在 Sort.java 类中增加归并排序的算法程序代码，并在主程序中调用，归并排序算法的完整代码如下：

```
//归并排序
public static void mergeSort(int[] X) {
    System.out.print("您要排序的数字是：");
    printList(X);
    System.out.println("归并排序");
    int n = 1;        //已排序的子序列长度，初值为 1
    int[] Y = new int[X.length];        //Y 数组长度同 X 数组
    do {
        mergepass(X, Y, n);            //一趟归并，将 X 数组中各子序列归并到 Y 中
        printList(Y);
        n *= 2;                //子序列长度加倍
        if (n < X.length) {
            mergepass(Y, X, n);        //将 Y 数组中各子序列再归并到 X 中
            printList(X);
            n *= 2;
        }
    } while (n < X.length);
}

//一趟归并
private static void mergepass(int[] X, int[] Y, int n) {
    System.out.print("子序列长度 n=" + n + "   ");
    int i = 0;
    while (i < X.length - 2 * n + 1) {
        merge(X, Y, i, i + n, n);
        i += 2 * n;
    }
    if (i + n < X.length) {
        merge(X, Y, i, i + n, n);        //再一次归并
    } else {
        //将 X 剩余元素复制到 Y 中
        System.arraycopy(X, i, Y, i, X.length - i);
```

```
                    //等同于
                    //for (int j = i; j < X.length; j++){Y[j]=X[j];}
        }
    }


    //一次归并
    private static void merge(int[] X, int[] Y, int m, int r, int n) {
        int i = m, j = r, k = m;
        //将 X 中两个相邻子序列归并到 Y 中
        while (i < r && j < r + n && j < X.length) {
            if (X[i] < X[j]) {                      //较小值复制到 Y 中
                Y[k++] = X[i++];
            } else {
                Y[k++] = X[j++];
            }
        }
        while (i < r) {                             //将前一个子序列剩余元素复制到 Y 中
            Y[k++] = X[i++];
        }
        while (j < r + n && j < X.length)           //将后一个子序列剩余元素复制到 Y 中
        {
            Y[k++] = X[j++];
        }
    }


    //取余算法
    int base2(int d, int c) {
        if (c == 1) {
            return d % 10;
        } else if (c == 2) {
            return (d % 100 - d % 10) / 10;
        } else {
            return (d % 1000 - d % 100) / 100;
        }
    }
```

7.6 任务六 基数排序

基数排序属于"分配式排序",该方法又称"桶子法"(bucket sort),它是透过键值的各部分资讯,将要排序的元素分配至某些"桶"中,以达到排序的目的。

7.6.1 子任务 1 认识基数排序

1．基数排序

基数排序(radix sort)属于多关键字排序，其实道理很容易明白，就好像打扑克牌，先比牌点的大小(K、Q、J、10、…、2、A 共 13 种)，再比花色(黑桃、红桃、方片和梅花)；也可先比花色，再比牌点大小，扑克牌排序有两个关键字(牌点和花色)。

数值排序可以根据倍数定关键字的位数，最大值 n 位数就是 n 个关键字。

基数排序的方式可以采用从最右边的键值开始逐位往左进行排序，即 LSD(Least Significant Digital)，也可从最左边的键值开始逐位往右进行排序，即 MSD(Most Significant Digital)。

2．基数排序实例

假设需要排序的数字是：198 253 904 425 351 573 689

基数排序如下：

第 1 趟(排个位): 351 253 573 904 425 198 689

第 2 趟(排十位): 904 425 351 253 573 689 198

第 3 趟(排百位): 198 253 351 425 573 689 904

排序后的结果是：198 253 351 425 573 689 904

3．基数排序算法分析

(1) 时间复杂度：时间复杂度为 $O(n \times \log r^n)$，其中 r 为所采取的基数，而 n 为排序个数，在某些时候，基数排序法的效率高于其他的比较性排序法。

(2) 空间复杂度：空间复杂度 $O(r)$，r 为所采取的基数。

(3) 稳定性：基数排序法是属于稳定性的排序。

7.6.2 子任务 2 基数排序程序实现

在 Sort.java 类中增加基数排序的算法程序代码，并在主程序中调用，基数排序算法的完整代码如下：

```
//取余算法
int base2(int d, int c) {
    if (c == 1) {
        return d % 10;
    } else if (c == 2) {
        return (d % 100 - d % 10) / 10;
    } else {
        return (d % 1000 - d % 100) / 100;
    }
}

//基数分配
```

```java
void base1(int[] list, int c) {
    int n = list.length;
    int i = 0, k = 0;//计数器
    //位于计算数组内成员的个数
    int a0 = 0, a1 = 0, a2 = 0, a3 = 0, a4 = 0, a5 = 0,
            a6 = 0, a7 = 0, a8 = 0, a9 = 0;
    int[] r0 = new int[100];//定义一个基数为 0 的数组
    int[] r1 = new int[100];
    int[] r2 = new int[100];
    int[] r3 = new int[100];
    int[] r4 = new int[100];
    int[] r5 = new int[100];
    int[] r6 = new int[100];
    int[] r7 = new int[100];
    int[] r8 = new int[100];
    int[] r9 = new int[100];
    for (i = 0; i < n; i++) {
        switch (base2(list[i], c)) {
            case 0:
                r0[a0] = list[i];
                a0++;
                break;
            case 1:
                r1[a1] = list[i];
                a1++;
                break;
            case 2:
                r2[a2] = list[i];
                a2++;
                break;
            case 3:
                r3[a3] = list[i];
                a3++;
                break;
            case 4:
                r4[a4] = list[i];
                a4++;
                break;
            case 5:
```

```
                r5[a5] = list[i];
                a5++;
                break;
            case 6:
                r6[a6] = list[i];
                a6++;
                break;
            case 7:
                r7[a7] = list[i];
                a7++;
                break;
            case 8:
                r8[a8] = list[i];
                a8++;
                break;
            case 9:
                r9[a9] = list[i];
                a9++;
                break;
        }
    }
    //将缓存中的数组成员传给数组 list
    i = 0;
    for (k = 0; k < a0; i++, k++) {
        list[i] = r0[k];
    }
    for (k = 0; k < a1; i++, k++) {
        list[i] = r1[k];
    }
    for (k = 0; k < a2; i++, k++) {
        list[i] = r2[k];
    }
    for (k = 0; k < a3; i++, k++) {
        list[i] = r3[k];
    }
    for (k = 0; k < a4; i++, k++) {
        list[i] = r4[k];
    }
    for (k = 0; k < a5; i++, k++) {
```

```
                        list[i] = r5[k];
                }
                for (k = 0; k < a6; i++, k++) {
                        list[i] = r6[k];
                }
                for (k = 0; k < a7; i++, k++) {
                        list[i] = r7[k];
                }
                for (k = 0; k < a8; i++, k++) {
                        list[i] = r8[k];
                }
                for (k = 0; k < a9; i++, k++) {
                        list[i] = r9[k];
                }
                String s = null;
                if (c == 1) {
                        s = "第 1 趟(排个位):";
                }
                if (c == 2) {
                        s = "第 2 趟(排十位):";
                }
                if (c == 3) {
                        s = "第 3 趟(排百位):";
                }
                System.out.print(s);
                printList(list);
        }


        //基数排序
        public static void base(int[] list) {
                System.out.print("您要排序的数字是：");
                printList(list);
                System.out.print("\n");
                Sort array = new Sort();
                array.base1(list, 1);        //第 1 趟排序 用于个位数的排序
                array.base1(list, 2);        //第 2 趟排序
                array.base1(list, 3);        //第 3 趟排序
                System.out.print("\n 排序后结果是：");
                printList(list);
        }
```

课后任务

1. 学习各种排序，模仿或按照教程中的程序代码，构建各种排序程序实现。

2. 运行自己完成的各种排序程序实现，并进行测试，以帮助理解本学习情境的数据结构和算法内容。

3. 对各种排序中程序实现的不完善之处进行改进，或者写出更好的、创新的程序实现。

预习任务

请预习下一个学习情境：查找。

学习情境 8　查找与演示项目开发

查找和排序是软件设计中最常用的运算之一，本学习情境主要学习顺序查找、折半查找、分块查找、二叉树排序查找和哈希查找等几种查找的算法实现。

为了方便教学，也为了学生能具备综合应用 Java 的编程技能解决实际问题的能力，有必要开发既有一定代码量、又能解决实际问题的项目。本学习情境根据查找的数据结构和算法，利用 Java 图形界面开发演示项目，其中提供了折半查找、二叉树排序查找和哈希查找等演示项目。

8.1　任务一　认识查找

查找(search)就是在数据集中寻找指定数据。如日常生活中的查字典、电话号码、图书等，以及高考考生在考试后通过网络信息系统查询成绩和录取情况等。

1. 查找

查找：对给定的一个关键字的值，在数据表中搜索出一个关键字的值等于该值的记录或数据。若找到了指定的数据，则称之为查找成功，通常是返回该数据在查找表中的位置，以便于存取整个数据的信息。若表中不存在指定的数据，这称为查找不成功或查找失败，此时一般是返回一个能标识查找失败的值。

2. 查找表的结构

有多种查找表的形式，本学习情境主要介绍三类表——顺序表、二叉树表和哈希表，另外，还涉及索引表结构。显然，不同形式的表对应不同的查找方法，因而查找的时间性能也有所不同。

3. 查找性能

查找算法的时间性能一般以查找长度来衡量。所谓查找长度，是指查找一个数据所进行的关键字的比较次数。通常情况下，由于各数据的查找长度有所差异，因而常以平均查找长度、最大查找长度等来衡量查找算法的总的时间性能。

8.2　任务二　线性表的查找

线性表的查找算法主要有顺序查找、折半查找和分块查找，分别适用于普通线性表(有序无序均可)、有序顺序表和索引顺序表三种结构。

8.2.1　子任务 1　顺序查找

1．顺序查找

顺序查找：从表的一端开始，依次将每个数据的关键字与给定值进行比较，若相等，则查找成功，返回相应位置；若所有数据的关键字与给定值不等，则返回查找不成功。

顺序查找又称为线性查找，是最基本、最简单的一种查找算法，主要用于数据量较小的线性表。

2．顺序查找的基本程序实现

```java
package ch8Search;

import java.util.Scanner;

public class SequenceSimple {

    public static int[] Data = {20, 10, 11, 47, 20, 69, 26, 1, 57};
    public static int Counter = 1;
    //顺序查找

    public static boolean Seq_Search(int Key) {
        int i, n;//数组下标变量，数组长度
        for (i = 0, n = Data.length; i < n; i++) {
            System.out.print("[" + (int) Data[i] + "]");
            if ((int) Key == (int) Data[i]) {//查找到数据时
                return true;//返回 true
            }
            Counter++;
        }
        return false;//查找不到，返回 false
    }

    public static void main(String args[]) {
        System.out.println("请输入要查找的数据:");
        Scanner scan = new Scanner(System.in);
        int KeyValue = scan.nextInt();
        if (Seq_Search((int) KeyValue)) {
            System.out.println("找到该数据，查找次数 = " + (int) Counter);
        } else {//输出没有找到的数据
            System.out.println("找不到该数据!");
```

```
                }
            }
        }
```

3．顺序查找算法分析

在等概率情况下，查找成功的平均查找长度为线性表长度的一半，查找不成功的平均查找长度为线性表的长度。若线性表已排序，则查找不成功的平均查找长度也为线性表长度的一半，ASL(不成功)=(n+1)/2。

8.2.2　子任务 2　折半查找

1．折半查找

折半查找(binary search)：要求顺序表已排序，假定从小到大排序，从表的中间位置开始比较：

(1) 如果当前数据的关键字等于给定值，则查找成功；

(2) 如果查找值小于当前数据的关键字，则在表的前半段继续查找；

(3) 如果查找值大于当前数据的关键字，则在表的后半段继续查找。

以此重复，直到获得查找结果(表示成功)，或数据段已空(表示不成功)。

折半查找是一种典型的采用分治策略的算法，它将问题分解为规模更小的子问题，分而治之，逐一解决。

2．折半查找算法分析

折半查找其实是一棵二叉判定树，树高为 $k = int(lb\ n) + 1$，查找成功的比较次数为 $1\sim k$ 次，查找不成功的比较次数为 $k-1$ 或 k 次，平均查找长度为 $O(lb\ n)$。

在顺序表长度相同的情况下，虽然折半查找算法效率比顺序查找算法效率高，但是折半查找算法要求数据必须是已排序的。

顺序查找和折半查找均适用于数据量较小的情况。

3．演示程序的实现

以下程序实现图形界面显示折半查找的过程，文件名为 DemoBinarySearch.java，代码量为 400 行，以下是完整代码(供参考)：

```java
package ch8Search;
//图形演示——折半查找
import javax.swing.JTextField;
import javax.swing.JButton;
import java.awt.FlowLayout;
import javax.swing.JSlider;
import java.util.*;
import javax.swing.BorderFactory;
import javax.swing.border.TitledBorder;
import java.awt.Color;
import javax.swing.JOptionPane;
```

```
import java.awt.event.KeyEvent;
import javax.swing.SwingConstants;
import javax.swing.SwingUtilities;
import javax.swing.JLabel;
import javax.swing.JPanel;
import javax.swing.JFrame;
import java.awt.Rectangle;
import java.awt.Font;

public class DemoBinarySearch {

    private JFrame jFrame = null;
    private JPanel jContentPane = null;
    private JLabel jLabel2 = null;
    private JLabel jLabel3 = null;
    private JLabel jLabel31 = null;
    private JLabel jLabel32 = null;
    private JLabel jLabel33 = null;
    private JLabel jLabel34 = null;
    private JLabel jLabel35 = null;
    private JLabel jLabel36 = null;
    private JLabel jLabel37 = null;
    private JLabel jLabel4 = null;
    private JTextField jTextField = null;
    private JButton jButton = null;
    private JButton jButton1 = null;
    private JButton jButton2 = null;
    private JButton jButton3 = null;
    private JLabel label1[] = new JLabel[8];
    private int array[] = {21, 4, 5, 74, 85, 12, 43, 32};
    private long time = 0;
    private Object lock = new Object();
    private boolean isMove = false;
    private int oldx;
    private Bin_search thread = null;
    private JLabel jLabel5 = null;
    private JPanel jPanel = null;
    private JSlider jSlider = null;
    private JLabel jLabel = null;
    private JLabel jLabel1 = null;
```

```
//二分法查找运行时程序出现的界面框架功能实现
private JFrame getJFrame() {
    if (jFrame == null) {
        jFrame = new JFrame();
        jFrame.setDefaultCloseOperation(JFrame.EXIT_ON_CLOSE);
        jFrame.setBounds(new Rectangle(0, 0, 800, 625));
        jFrame.setContentPane(getJContentPane());
        jFrame.setTitle("分块查找——图形演示");
    }
    return jFrame;
}


//构造面板
private JPanel getJContentPane() {
    if (jContentPane == null) {
        for (int i = 0; i < label1.length; i++) {
            label1[i] = new JLabel();
            label1[i].setText(String.valueOf(array[i]));
        }
        jLabel5 = new JLabel();
        jLabel5.setBounds(new Rectangle(14, 165, 30, 37));
        jLabel5.setDisplayedMnemonic(KeyEvent.VK_UNDEFINED);
        jLabel5.setText("序号");
        jLabel4 = new JLabel();
        jLabel4.setBounds(new Rectangle(35, 72, 105, 37));
        jLabel4.setFont(new Font("Dialog", Font.BOLD, 14));
        jLabel4.setHorizontalAlignment(SwingConstants.CENTER);
        jLabel4.setText("请输入要查找的数");
        jLabel37 = new JLabel();
        jLabel37.setBounds(new Rectangle(645, 166, 51, 36));
        jLabel37.setHorizontalAlignment(SwingConstants.CENTER);
        jLabel37.setFont(new Font("Dialog", Font.BOLD, 14));
        jLabel37.setText("8");
        jLabel36 = new JLabel();
        jLabel36.setBounds(new Rectangle(558, 166, 51, 36));
        jLabel36.setHorizontalAlignment(SwingConstants.CENTER);
        jLabel36.setFont(new Font("Dialog", Font.BOLD, 14));
        jLabel36.setText("7");
        jLabel35 = new JLabel();
        jLabel35.setBounds(new Rectangle(478, 166, 51, 36));
```

```
jLabel35.setHorizontalAlignment(SwingConstants.CENTER);
jLabel35.setFont(new Font("Dialog", Font.BOLD, 14));
jLabel35.setText("6");
jLabel34 = new JLabel();
jLabel34.setBounds(new Rectangle(390, 166, 51, 36));
jLabel34.setHorizontalAlignment(SwingConstants.CENTER);
jLabel34.setFont(new Font("Dialog", Font.BOLD, 14));
jLabel34.setText("5");
jLabel33 = new JLabel();
jLabel33.setBounds(new Rectangle(302, 166, 51, 36));
jLabel33.setHorizontalAlignment(SwingConstants.CENTER);
jLabel33.setFont(new Font("Dialog", Font.BOLD, 14));
jLabel33.setText("4");
jLabel32 = new JLabel();
jLabel32.setBounds(new Rectangle(214, 166, 51, 36));
jLabel32.setHorizontalAlignment(SwingConstants.CENTER);
jLabel32.setFont(new Font("Dialog", Font.BOLD, 14));
jLabel32.setText("3");
jLabel31 = new JLabel();
jLabel31.setBounds(new Rectangle(126, 166, 51, 36));
jLabel31.setHorizontalAlignment(SwingConstants.CENTER);
jLabel31.setFont(new Font("Dialog", Font.BOLD, 14));
jLabel31.setText("2");
jLabel3 = new JLabel();
jLabel3.setBounds(new Rectangle(38, 166, 51, 36));
jLabel3.setHorizontalAlignment(SwingConstants.CENTER);
jLabel3.setFont(new Font("Dialog", Font.BOLD, 14));
jLabel3.setText("1");
jLabel2 = new JLabel();
jLabel2.setBounds(new Rectangle(39, 261, 53, 63));
oldx = jLabel2.getX();
jLabel2.setFont(new Font("Dialog", Font.BOLD, 36));
jLabel2.setHorizontalAlignment(SwingConstants.CENTER);
jLabel2.setText(" ↑ ");
jLabel2.setVisible(false);
label1[7].setBounds(new Rectangle(645, 212, 60, 57));
label1[7].setFont(new Font("Dialog", Font.BOLD, 14));
label1[7].setHorizontalAlignment(SwingConstants.CENTER);
label1[6].setBounds(new Rectangle(558, 212, 60, 57));
label1[6].setFont(new Font("Dialog", Font.BOLD, 14));
```

```
label1[6].setHorizontalAlignment(SwingConstants.CENTER);
label1[5].setBounds(new Rectangle(471, 212, 60, 57));
label1[5].setFont(new Font("Dialog", Font.BOLD, 14));
label1[5].setHorizontalAlignment(SwingConstants.CENTER);
label1[4].setBounds(new Rectangle(384, 212, 60, 57));
label1[4].setFont(new Font("Dialog", Font.BOLD, 14));
label1[4].setHorizontalAlignment(SwingConstants.CENTER);
label1[3].setBounds(new Rectangle(297, 212, 60, 57));
label1[3].setFont(new Font("Dialog", Font.BOLD, 14));
label1[3].setHorizontalAlignment(SwingConstants.CENTER);
label1[2].setBounds(new Rectangle(210, 212, 60, 57));
label1[2].setFont(new Font("Dialog", Font.BOLD, 14));
label1[2].setHorizontalAlignment(SwingConstants.CENTER);
label1[1].setBounds(new Rectangle(123, 212, 60, 57));
label1[1].setFont(new Font("Dialog", Font.BOLD, 14));
label1[1].setHorizontalAlignment(SwingConstants.CENTER);
label1[0].setBounds(new Rectangle(36, 212, 60, 57));
label1[0].setFont(new Font("Dialog", Font.BOLD, 14));
label1[0].setHorizontalAlignment(SwingConstants.CENTER);
jContentPane = new JPanel();
jContentPane.setLayout(null);
for (int i = 0; i < label1.length; i++) {
        jContentPane.add(label1[i], null);
}
jContentPane.add(jLabel2, null);
jContentPane.add(jLabel3, null);
jContentPane.add(jLabel31, null);
jContentPane.add(jLabel32, null);
jContentPane.add(jLabel33, null);
jContentPane.add(jLabel34, null);
jContentPane.add(jLabel35, null);
jContentPane.add(jLabel36, null);
jContentPane.add(jLabel37, null);
jContentPane.add(jLabel4, null);
jContentPane.add(getJTextField(), null);
jContentPane.add(getJButton(), null);
jContentPane.add(getJButton1(), null);
jContentPane.add(getJButton2(), null);
jContentPane.add(getJButton3(), null);
jContentPane.add(jLabel5, null);
```

```
                jContentPane.add(getJPanel(), null);
            }
        return jContentPane;
    }


    //输入查找数据的文本框
    private JTextField getJTextField() {
        if (jTextField == null) {
            jTextField = new JTextField();
            jTextField.setBounds(new Rectangle(153, 74, 177, 37));
            jTextField.setFont(new Font("Dialog", Font.BOLD, 14));
        }
        return jTextField;
    }


    //查找按钮，事件处理
    private JButton getJButton() {
        if (jButton == null) {
            jButton = new JButton();
            jButton.setBounds(new Rectangle(361, 76, 112, 34));
            jButton.setFont(new Font("Dialog", Font.BOLD, 14));
            jButton.setText("查找该数");
            jButton.addActionListener(new java.awt.event.ActionListener() {
                @Override
                public void actionPerformed(java.awt.event.ActionEvent e) {
                    String s = jTextField.getText();
                    if (!s.equals("")) {
                        jLabel2.setVisible(false);
                        jLabel2.setLocation(oldx, jLabel2.getY());
                        jButton1.setEnabled(false);
                        isMove = true;
                        int searchNum = Integer.parseInt(s);
                                //要查找的数值等于将字符串转换成整形
                        thread = new Bin_search(searchNum);
                        thread.setDaemon(true);
                        thread.start();
                        jButton3.setEnabled(true);
                        jButton2.setEnabled(false);
                    }
                }
```

```
            });
        }
        return jButton;
    }


//产生随机数按钮
private JButton getJButton1() {
    if (jButton1 == null) {
        jButton1 = new JButton();
        jButton1.setBounds(new Rectangle(494, 77, 150, 34));
        jButton1.setText("产生随机数");
        jButton1.setFont(new Font("Dialog", Font.ITALIC, 15));
        jButton1.addActionListener(new java.awt.event.ActionListener() {
            @Override
            public void actionPerformed(java.awt.event.ActionEvent e) {
                jLabel2.setVisible(false);
                jLabel2.setLocation(oldx, jLabel2.getY());
                LinkedList<Integer> list = new LinkedList<Integer>();
                int temp = 0;
                for (int i = 0; i < label1.length; i++) {
                    temp = (int) (Math.random() * 100);
                    while (list.contains(temp)) {
                        temp = (int) (Math.random() * 100);
                    }
                    list.add(temp);
                    array[i] = temp;
                    label1[i].setText(String.valueOf(array[i]));
                }
                for (int i = 0; i < list.size(); i++) {
                    System.out.print(list.get(i) + " ");
                }
                System.out.println();
            }
        });
    }
    return jButton1;
}


//继续查找按钮
private JButton getJButton2() {
```

```
        if ( jButton2 == null) {
            jButton2 = new JButton();
            jButton2.setBounds(new Rectangle(466, 492, 142, 42));
            jButton2.setText("继续查找");
            jButton2.setEnabled(false);
            jButton2.setFont(new Font("Dialog", Font.BOLD, 14));
            jButton2.addActionListener(new java.awt.event.ActionListener() {

                public void actionPerformed(java.awt.event.ActionEvent e) {
                    jButton2.setEnabled(false);
                    jButton3.setEnabled(true);
                    isMove = true;
                    Bin_notifly();
                }
            });
        }
        return jButton2;
    }

//暂停查找按钮
private JButton getJButton3() {
    if (jButton3 == null) {
        jButton3 = new JButton();
        jButton3.setBounds(new Rectangle(615, 492, 127, 42));
        jButton3.setText("暂停查找");
        jButton3.setEnabled(false);
        jButton3.setFont(new Font("Dialog", Font.BOLD, 14))
                                            //"暂停查找"的按钮字体为粗体字
        jButton3.addActionListener(new java.awt.event.ActionListener() {

            public void actionPerformed(java.awt.event.ActionEvent e) {
                jButton2.setEnabled(true);
                jButton3.setEnabled(false);
                isMove = false;
            }
        });
    }
    return jButton3;
}
```

```
//速度调节器
private JPanel getJPanel() {
    if ( jPanel == null) {
        jLabel1 = new JLabel();
        jLabel1.setText("慢");
        jLabel1.setFont(new Font("Dialog", Font.BOLD, 14));
        jLabel = new JLabel();
        jLabel.setText("快");
        jLabel.setFont(new Font("Dialog", Font.PLAIN, 18));
        jPanel = new JPanel();
        jPanel.setLayout(new FlowLayout());
        jPanel.setBounds(new Rectangle(49, 461, 297, 70));
        jPanel.setBorder(BorderFactory.createTitledBorder(null,
                "\u901f\u5ea6\u8c03\u8282",
                TitledBorder.DEFAULT_JUSTIFICATION,
                TitledBorder.DEFAULT_POSITION,
                new Font("Dialog", Font.BOLD, 12), new Color(51, 51, 51)));
        jPanel.add(jLabel, null);
        jPanel.add(getJSlider(), null);
        jPanel.add(jLabel1, null);
    }
    return jPanel;
}


//滑动块
private JSlider getJSlider() {
    if ( jSlider == null) {
        jSlider = new JSlider();
        time = jSlider.getValue();
        jSlider.addChangeListener(new javax.swing.event.ChangeListener() {

            @Override
            public void stateChanged(javax.swing.event.ChangeEvent e) {
                time = jSlider.getValue();
            }
        });
    }
    return jSlider;
}
```

```java
public static void main(String[] args) {
    //多线程
    SwingUtilities.invokeLater(new Runnable() {

        @Override
        public void run() {
            DemoBinarySearch application = new DemoBinarySearch();
            application.getJFrame().setVisible(true);
        }
    });
}

public void sleeping(long time) {
    try {
        Thread.sleep(time);
    } catch (InterruptedException e) {
        System.out.println(e.getMessage());
    }
}

public void Bin_wait() {
    synchronized (lock) {
        try {
            lock.wait();
        } catch (Exception e) {
            System.out.println(e.getMessage());
        }

    }
}

public void Bin_notifly() {
    synchronized (lock) {
        lock.notify();
    }
}

public void move() {
    if (!isMove) {
        Bin_wait();
```

```
        }
    }

class Bin_search extends Thread {

    private int searchNum = 0;
    private int x;

    public Bin_search(int searchNum) {
        this.searchNum = searchNum;
        x = jLabel2.getX();
    }

    public void sort() {
        Arrays.sort(array);
        for (int i = 0; i < array.length; i++) {
            label1[i].setText(String.valueOf(array[i]));
        }
    }

    @Override
    public void run() {
        sort();
        int mid = 0, low = 0, high = 7;
        jLabel2.setVisible(true);
        while (low <= high) {
            move();
            mid = (low + high) / 2;
            System.out.println("mid=" + mid);
            jLabel2.setLocation(x + mid * 87, jLabel2.getY());
            sleeping(7 * time);
            if (searchNum == array[mid]) {
                System.out.println("恭喜！您要查找的数值找到啦！ ");
                break;
            } else if (searchNum < array[mid]) {
                high = mid - 1;
                System.out.println("high=" + high);
            } else {
                low = mid + 1;
                System.out.println("low=" + low);
```

```
            }
            move();
        }
        if (low > high) {
            JOptionPane.showMessageDialog(null, "很遗憾，没有找到。");
        }
        jButton1.setEnabled(true);
        jButton2.setEnabled(false);
        jButton3.setEnabled(false);
    }
  }
}
```

8.2.3 子任务3 分块索引查找

1. 分块索引查找

在许多情况下，可能会遇到这样的表，整个表中的数据未必(递增或递减)有序，但划分为若干块后，每一块中的所有数据均小于(或大于)其后面块中的数据。这种特性称为分块有序。

对于分块有序表的查找，显然不能采用二分查找方法，但如果采用简单顺序查找方法查找，又因为没有充分利用所给出的条件而浪费时间。针对这种情况，可为该顺序表建一个索引表，索引表中为每一块设置一索引项，每一索引项包括两个部分：该块的起始地址和该块中最大(或最小)关键字的值(或者是所限定的最大(小)关键字)。将这些索引项按顺序排列成一有序表，即为索引表。显然，索引表是按关键字递增或递减次序排列的。图 8-1 所示是分块索引查找的演示界面。

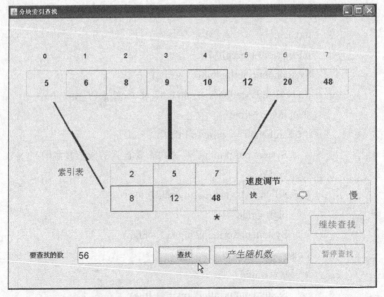

图 8-1 分块索引查找的演示界面

2. 分块索引查找算法

分块索引查找算法如下:

(1) 在索引表中查找以确定数据所在的块。

(2) 在所确定的块中进行查找。

由于索引表是按关键字递增(或递减)有序的,因此在索引表的查找即可采用简单顺序方式查找,也可以采用二分查找,这要取决于索引表的项数:如果项数过多,则采用二分查找是合适的,否则采用顺序查找就可以了。在块内的查找,由于块内数据的无序而只能采用简单顺序查找。

3. 分块索引查找算法分析

这种带有索引的分块有序查找的时间性能取决于两步查找时间之和:如前所述,第一步可用简单方式和二分查找方法之一进行,第二步只能采用简单顺序查找,但由于子表长度较原来长度小,因此,其时间性能介于顺序查找和二分查找之间。

8.3 任务三 二叉排序树查找

在一棵二叉树中查找一个节点,需要在遍历二叉树的过程中对节点逐个进行比较。

8.3.1 子任务 1 认识二叉排序树查找

有序表中采用二分查找算法查找的速度是比较快的,但也存在问题:若要在其中插入或删除数据,则需要移动表中所有的后续数据以保持其有效性。若这种插入和删除是经常性的运算,则较浪费时间。为此,可采用动态链表结构,二叉排序树便是一种合适的结构。

1. 二叉排序树

二叉排序树(binary sort tree)可以是一棵空树或者具有下列性质:

(1) 每个节点都有一个作为查找依据的关键字,所有节点的关键字互不相同。

(2) 若一个节点的左子树不空,则左子树上所有节点的关键字均为小于这个节点的键值。

(3) 若一个节点的右子树不空,则右子树上所有节点的关键字均为大于这个节点的键值。

(4) 每个节点的左、右子树也分别为二叉排序法。

对二叉排序树按中根次序遍历,可得到按升序排列的关键字序列。

2. 二叉排序树查找

在一棵二叉排序树中,查找值为 key 的节点:

(1) 从根节点开始,设 p 指向根节点。

(2) 将 key 与 p 节点的关键字进行比较,若两者相等,则查找成功;若 key 值较小,则在 p 的左子树中继续查找;若 key 值较大,则在 p 的右子树中继续查找。

(3) 重复执行上一步,直到查找成功或 p 为空,若 p 为空,则查找不成功。

3. 二叉排序树的查找性能分析

在一棵具有 n 个节点的二叉排序树中查找一个节点，一次成功的查找恰好走过一条从根节点到该节点的路径，比较次数为该节点的层次 level(1≤level≤k，k 为这棵二叉排序树的高度)。因此，二叉排序树查找成功的平均查找长度 ASL 不超过二叉树的高度。

二叉树的高度与二叉树的形态有关，n 个节点的完全二叉树的高度最小，高度为 int(lb n) + 1；n 个节点的单支二叉树的高度最大，高度为 n。因此二叉树的高度范围是 [lb n] + 1～n。

8.3.2　子任务 2　二叉排序树查找的图形演示项目

以下是二叉排序树的查找图形演示过程，文件名为 DemoBiTreeSearch.java，代码量为 570 行，以下是完整代码(供参考)：

```java
package ch8Search;
//图形演示——二叉排序树查找
import java.awt.Color;
import javax.swing.SwingConstants;
import javax.swing.SwingUtilities;
import javax.swing.JLabel;
import javax.swing.JPanel;
import javax.swing.JFrame;
import javax.swing.JButton;
import java.awt.Rectangle;
import javax.swing.JOptionPane;
import javax.swing.JScrollPane;
import java.awt.Font;
import javax.swing.JTextField;
import javax.swing.JList;
import javax.swing.DefaultListModel;
import java.util.Arrays;
import java.util.LinkedList;
import javax.swing.text.*;
import javax.swing.JSlider;
import java.awt.GridBagLayout;
import java.awt.GridBagConstraints;
import javax.swing.BorderFactory;
import javax.swing.border.TitledBorder;

public class DemoBiTreeSearch {
```

```java
private JFrame jFrame = null;
private JPanel jContentPane = null;
private JLabel jLabel15 = null;
private JLabel jLabel151 = null;
private JLabel jLabel152 = null;
private JLabel jLabel153 = null;
private JLabel jLabel154 = null;
private JLabel jLabel155 = null;
private JLabel jLabel156 = null;
private JLabel jLabel17 = null;
private JTextField jTextField = null;
private JButton jButton = null;
private JScrollPane jScrollPane = null;
private JList jList = null;
private JLabel jLabel18 = null;
private JLabel jLabel[] = new JLabel[15];
private int s[] = {3, 4, 1, 6, 5, 11, 31, 12, 9, 10, 2, 13, 32, 15, 14};
private long time = 500L;
private DefaultListModel lItemsForList1;
private JLabel jLabel157 = null;
private JLabel jLabel158 = null;
private JLabel jLabel159 = null;
private JLabel jLabel1510 = null;
private JLabel jLabel1511 = null;
private JLabel jLabel1512 = null;
private JLabel jLabel1513 = null;
private JButton jButton1 = null;
private JPanel jPanel = null;
private JLabel jLabel1 = null;
private JSlider jSlider = null;
private JLabel jLabel2 = null;

//界面设计框架的实现
private JFrame getJFrame() {
    if (jFrame == null) {
        jFrame = new JFrame();
        jFrame.setDefaultCloseOperation(JFrame.EXIT_ON_CLOSE);
        jFrame.setBounds(new Rectangle(0, 0, 800, 800));
        jFrame.setContentPane(getJContentPane());
```

```
                    jFrame.setTitle("Application");
                }
                return jFrame;
        }

//初始化面板
private JPanel getJContentPane() {
        if (jContentPane == null) {
                for (int i = 0; i < jLabel.length; i++) {
                        jLabel[i] = new JLabel();
                }
                jLabel18 = new JLabel();
                jLabel18.setBounds(new Rectangle(517, 23, 86, 32));
                jLabel18.setText("对照列表如有右所示");
                jLabel17 = new JLabel();
                jLabel17.setBounds(new Rectangle(87, 25, 97, 37));
                jLabel17.setHorizontalAlignment(SwingConstants.CENTER);
                jLabel17.setText("请输入您要查找的数值：");

                jLabel1513 = new JLabel();
                jLabel1513.setBounds(new Rectangle(664, 366, 37, 31));
                jLabel1513.setHorizontalAlignment(SwingConstants.CENTER);
                jLabel1513.setFont(new Font("Dialog", Font.ITALIC, 18));
                jLabel1513.setText(" \ ");
                jLabel1512 = new JLabel();
                jLabel1512.setBounds(new Rectangle(584, 367, 46, 33));
                jLabel1512.setHorizontalAlignment(SwingConstants.CENTER);
                jLabel1512.setFont(new Font("Dialog", Font.ITALIC, 18));
                jLabel1512.setText(" / ");
                jLabel1511 = new JLabel();
                jLabel1511.setBounds(new Rectangle(476, 365, 41, 36));
                jLabel1511.setHorizontalAlignment(SwingConstants.CENTER);
                jLabel1511.setFont(new Font("Dialog", Font.ITALIC, 18));
                jLabel1511.setText(" \ ");
                jLabel1510 = new JLabel();
                jLabel1510.setBounds(new Rectangle(402, 370, 39, 28));
                jLabel1510.setHorizontalAlignment(SwingConstants.CENTER);
                jLabel1510.setFont(new Font("Dialog", Font.ITALIC, 18));
                jLabel1510.setText(" / ");
```

```
jLabel159 = new JLabel();
jLabel159.setBounds(new Rectangle(284, 374, 58, 28));
jLabel159.setHorizontalAlignment(SwingConstants.CENTER);
jLabel159.setFont(new Font("Dialog", Font.ITALIC, 18));
jLabel159.setText(" \ ");
jLabel158 = new JLabel();
jLabel158.setBounds(new Rectangle(218, 374, 49, 27));
jLabel158.setHorizontalAlignment(SwingConstants.CENTER);
jLabel158.setFont(new Font("Dialog", Font.ITALIC, 18));
jLabel158.setText(" / ");
jLabel157 = new JLabel();
jLabel157.setBounds(new Rectangle(136, 368, 41, 33));
jLabel157.setHorizontalAlignment(SwingConstants.CENTER);
jLabel157.setFont(new Font("Dialog", Font.ITALIC, 18));
jLabel157.setText(" \ ");
jLabel156 = new JLabel();
jLabel156.setBounds(new Rectangle(48, 372, 49, 30));
jLabel156.setHorizontalAlignment(SwingConstants.CENTER);
jLabel156.setFont(new Font("Dialog", Font.ITALIC, 18));
jLabel156.setText(" / ");
jLabel155 = new JLabel();
jLabel155.setBounds(new Rectangle(559, 269, 58, 40));
jLabel155.setHorizontalAlignment(SwingConstants.CENTER);
jLabel155.setFont(new Font("Dialog", Font.ITALIC, 18));
jLabel155.setText(" \ ");
jLabel154 = new JLabel();
jLabel154.setBounds(new Rectangle(454, 270, 48, 34));
jLabel154.setHorizontalAlignment(SwingConstants.CENTER);
jLabel154.setFont(new Font("Dialog", Font.ITALIC, 18));
jLabel154.setText(" / ");
jLabel153 = new JLabel();
jLabel153.setBounds(new Rectangle(212, 284, 64, 24));
jLabel153.setHorizontalAlignment(SwingConstants.CENTER);
jLabel153.setFont(new Font("Dialog", Font.ITALIC, 18));
jLabel153.setText(" \ ");
jLabel152 = new JLabel();
jLabel152.setBounds(new Rectangle(120, 284, 65, 22));
jLabel152.setHorizontalAlignment(SwingConstants.CENTER);
jLabel152.setFont(new Font("Dialog", Font.ITALIC, 18));
```

```
jLabel152.setText(" / ");
jLabel151 = new JLabel();
jLabel151.setBounds(new Rectangle(439, 174, 50, 44));
jLabel151.setHorizontalAlignment(SwingConstants.CENTER);
jLabel151.setFont(new Font("Dialog", Font.ITALIC, 18));
jLabel151.setText(" \ ");
jLabel15 = new JLabel();
jLabel15.setBounds(new Rectangle(228, 175, 47, 29));
jLabel15.setHorizontalAlignment(SwingConstants.CENTER);
jLabel15.setFont(new Font("Dialog", Font.ITALIC, 18));
jLabel15.setText(" / ");
jLabel[14].setBounds(new Rectangle(676, 401, 76, 44));
jLabel[14].setHorizontalAlignment(SwingConstants.CENTER);
jLabel[14].setText("O");
jLabel[14].setFont(new Font("Dialog", Font.BOLD, 18));
jLabel[13].setBounds(new Rectangle(550, 402, 76, 44));
jLabel[13].setHorizontalAlignment(SwingConstants.CENTER);
jLabel[13].setText("N");
jLabel[13].setFont(new Font("Dialog", Font.BOLD, 18));
jLabel[12].setBounds(new Rectangle(466, 401, 76, 44));
jLabel[12].setHorizontalAlignment(SwingConstants.CENTER);
jLabel[12].setText("M");
jLabel[12].setFont(new Font("Dialog", Font.BOLD, 18));
jLabel[11].setBounds(new Rectangle(374, 401, 76, 44));
jLabel[11].setHorizontalAlignment(SwingConstants.CENTER);
jLabel[11].setText("L");
jLabel[11].setFont(new Font("Dialog", Font.BOLD, 18));
jLabel[10].setBounds(new Rectangle(297, 401, 76, 44));
jLabel[10].setHorizontalAlignment(SwingConstants.CENTER);
jLabel[10].setText("K");
jLabel[10].setFont(new Font("Dialog", Font.BOLD, 18));
jLabel[9].setBounds(new Rectangle(197, 401, 76, 44));
jLabel[9].setHorizontalAlignment(SwingConstants.CENTER);
jLabel[9].setText("J");
jLabel[9].setFont(new Font("Dialog", Font.BOLD, 18));
jLabel[8].setBounds(new Rectangle(123, 401, 76, 44));
jLabel[8].setHorizontalAlignment(SwingConstants.CENTER);
jLabel[8].setText("I");
jLabel[8].setFont(new Font("Dialog", Font.BOLD, 18));
```

```
jLabel[7].setBounds(new Rectangle(20, 401, 76, 44));
jLabel[7].setHorizontalAlignment(SwingConstants.CENTER);
jLabel[7].setText("H");
jLabel[7].setFont(new Font("Dialog", Font.BOLD, 18));
jLabel[6].setBounds(new Rectangle(602, 318, 76, 44));
jLabel[6].setHorizontalAlignment(SwingConstants.CENTER);
jLabel[6].setText("G");
jLabel[6].setFont(new Font("Dialog", Font.BOLD, 18));
jLabel[5].setBounds(new Rectangle(417, 318, 76, 44));
jLabel[5].setHorizontalAlignment(SwingConstants.CENTER);
jLabel[5].setText("F");
jLabel[2].setBounds(new Rectangle(504, 216, 76, 44));
jLabel[2].setHorizontalAlignment(SwingConstants.CENTER);
jLabel[2].setText("C");
jLabel[2].setFont(new Font("Dialog", Font.BOLD, 18));
jLabel[4].setBounds(new Rectangle(248, 317, 76, 44));
jLabel[4].setHorizontalAlignment(SwingConstants.CENTER);
jLabel[4].setText("E");
jLabel[4].setFont(new Font("Dialog", Font.BOLD, 18));
jLabel[3].setBounds(new Rectangle(82, 318, 76, 44));
jLabel[3].setHorizontalAlignment(SwingConstants.CENTER);
jLabel[3].setText("D");
jLabel[3].setFont(new Font("Dialog", Font.BOLD, 18));
jLabel[1].setBounds(new Rectangle(170, 216, 76, 44));
jLabel[1].setHorizontalAlignment(SwingConstants.CENTER);
jLabel[1].setText("B");
jLabel[1].setFont(new Font("Dialog", Font.BOLD, 18));
jLabel[0].setBounds(new Rectangle(320, 110, 76, 44));
jLabel[0].setHorizontalAlignment(SwingConstants.CENTER);
jLabel[0].setText("A");
jLabel[0].setFont(new Font("Dialog", Font.BOLD, 18));
jContentPane = new JPanel();
jContentPane.setLayout(null);
jContentPane.add(jLabel[0], null);
jContentPane.add(jLabel[1], null);
jContentPane.add(jLabel[2], null);
jContentPane.add(jLabel[3], null);
jContentPane.add(jLabel[4], null);
jContentPane.add(jLabel[5], null);
```

```
            jContentPane.add(jLabel[6], null);
            jContentPane.add(jLabel[7], null);
            jContentPane.add(jLabel[8], null);
            jContentPane.add(jLabel[9], null);
            jContentPane.add(jLabel[10], null);
            jContentPane.add(jLabel[11], null);
            jContentPane.add(jLabel[12], null);
            jContentPane.add(jLabel[13], null);
            jContentPane.add(jLabel[14], null);
            jContentPane.add(jLabel15, null);
            jContentPane.add(jLabel151, null);
            jContentPane.add(jLabel152, null);
            jContentPane.add(jLabel153, null);
            jContentPane.add(jLabel154, null);
            jContentPane.add(jLabel155, null);
            jContentPane.add(jLabel156, null);
            jContentPane.add(jLabel157, null);
            jContentPane.add(jLabel158, null);
            jContentPane.add(jLabel159, null);
            jContentPane.add(jLabel1510, null);
            jContentPane.add(jLabel1511, null);
            jContentPane.add(jLabel1512, null);
            jContentPane.add(jLabel1513, null);
            jContentPane.add(jLabel17, null);
            jContentPane.add(getJTextField(), null);
            jContentPane.add(getJButton(), null);
            jContentPane.add(getJScrollPane(), null);
            jContentPane.add(jLabel18, null);
            jContentPane.add(getJButton1(), null);
            jContentPane.add(getJPanel(), null);
        }
        return jContentPane;
    }

    class DigitDocument extends PlainDocument {

        private static final long serialVersionUID = 1L;

        @Override
```

```java
        public void insertString(int offset, String s, AttributeSet a) {
            char c = s.charAt(0);
            if (c <= '9' && c >= '0') {
                try {
                    super.insertString(offset, s, a);
                } catch (BadLocationException e) {
                    JOptionPane.showMessageDialog(null,
                            "错误:" + e.getMessage());
                }
            }
        }


    //初始化文本框
    private JTextField getJTextField() {
        if (jTextField == null) {
            jTextField = new JTextField();
            DigitDocument document = new DigitDocument();
            jTextField.setDocument(document);
            jTextField.setBounds(new Rectangle(193, 26, 165, 39));
            jTextField.setFont(new Font("Dialog", Font.BOLD, 18));//字体为粗体，大小为 18
        }
        return jTextField;
    }


    //"查找"初始化及事件响应
    private JButton getJButton() {
        if (jButton == null) {
            jButton = new JButton();
            jButton.setBounds(new Rectangle(376, 25, 112, 36));
            jButton.setFont(new Font("Dialog", Font.ROMAN_BASELINE, 18));
                        //字体以罗马字体为基准
            jButton.setText("查找");
            jButton.addActionListener(new java.awt.event.ActionListener() {

                public void actionPerformed(java.awt.event.ActionEvent e) {
                    //初始化
                    for (int i = 0; i < jLabel.length; i++) {
                        jLabel[i].setForeground(Color.pink);
```

```
            }
            int tom[] = new int[15];
            String temp = null;
            for (int j = 0; j < tom.length; j++) {
                temp = (String) lItemsForList1.get(j);
                tom[j] = Integer.parseInt(temp.substring(6, temp.length()));
            }
            String find = jTextField.getText();
            if (!find.equals("")) {
                MyThread thread = new MyThread(tom);
                thread.setDaemon(true);
                thread.start();
            }
        }
    });
    }
    return jButton;
}


//滚动条
private JScrollPane getJScrollPane() {
    if (jScrollPane == null) {
        jScrollPane = new JScrollPane();
        jScrollPane.setBounds(new Rectangle(627, 17, 149, 254));
        jScrollPane.setViewportView(getJList());
    }
    return jScrollPane;
}


//数据及字母对应列表
private JList getJList() {
    if (jList == null) {
        lItemsForList1 = new DefaultListModel();
        jList = new JList();
        String list[] = new String[15];
        Arrays.sort(s);
        int k = 7;
        list[0] = jLabel[k].getText() + " --- " + s[0];
        list[1] = jLabel[k / 2].getText() + " --- " + s[1];
```

```
                list[2] = jLabel[k + 1].getText() + " --- " + s[2];
                k = k / 2;
                //k=3
                list[3] = jLabel[k / 2].getText() + " --- " + s[3];
                list[4] = jLabel[(k + 1) * 2 + 1].getText() + " --- " + s[4];
                k++;
                //k=4
                //从 0 开始，所以多加 1
                list[5] = jLabel[k].getText() + " --- " + s[5];
                list[6] = jLabel[k * 2 + 2].getText() + " --- " + s[6];
                k = (k - 1) / 2;
                //k=1;
                list[7] = jLabel[k / 2].getText() + " --- " + s[7];
                //下面是右子树
                k = 14;
                list[8] = jLabel[k].getText() + " --- " + s[14];
                list[9] = jLabel[k / 2 - 1].getText() + " --- " + s[13];
                list[10] = jLabel[k - 1].getText() + " --- " + s[12];
                k = k / 2 - 1;
                //k=6
                list[11] = jLabel[k / 2 - 1].getText() + " --- " + s[11];
                list[12] = jLabel[(k - 1) * 2 + 2].getText() + " --- " + s[10];
                k--;
                //k=5
                list[13] = jLabel[k].getText() + " --- " + s[9];
                list[14] = jLabel[k * 2 + 1].getText() + " --- " + s[8];
                Arrays.sort(list);
                for (int i = 0; i < list.length; i++) {
                    System.out.println("a");
                    lItemsForList1.addElement(list[i]);
                }
                jList.setModel(lItemsForList1);
            }
        return jList;
    }


    //"产生随机数"按钮
    private JButton getJButton1() {
        if (jButton1 == null) {
```

```
                    jButton1 = new JButton();
                    jButton1.setBounds(new Rectangle(376, 66, 142, 40));
                    jButton1.setText("产生随机数");
                    jButton1.setFont(new Font("Dialog", Font.ROMAN_BASELINE, 18));
                    jButton1.addActionListener(new java.awt.event.ActionListener() {

                        public void actionPerformed(java.awt.event.ActionEvent e) {
                            LinkedList<Integer> list = new LinkedList<Integer>();
                            int temp = 0;
                            for (int i = 0; i < jLabel.length; i++) {
                                temp = (int) (Math.random() * 100);
                                while (list.contains(temp)) {
                                    temp = (int) (Math.random() * 100);
                                }
                                list.add(temp);
                                s[i] = temp;
                                //label1[i].setText(String.valueOf(array[i]));
                            }
                            arrange();
                            for (int i = 0; i < list.size(); i++) {
                                System.out.print(list.get(i) + " ");
                            }
                            System.out.println();
                        }
                    });
                }
            return jButton1;
        }

//数组
public void arrange() {
    lItemsForList1 = new DefaultListModel();
    jList = getJList();
    String list[] = new String[15];
    Arrays.sort(s);
    int k = 7;
    list[0] = jLabel[k].getText() + " --- " + s[0];
    list[1] = jLabel[k / 2].getText() + " --- " + s[1];
    list[2] = jLabel[k + 1].getText() + " --- " + s[2];
```

```
        k = k / 2;
        //k=3
        list[3] = jLabel[k / 2].getText() + " --- " + s[3];
        list[4] = jLabel[(k + 1) * 2 + 1].getText() + " --- " + s[4];
        k++;
        //k=4
        //从 0 开始，所以多加 1
        list[5] = jLabel[k].getText() + " --- " + s[5];
        list[6] = jLabel[k * 2 + 2].getText() + " --- " + s[6];
        k = (k - 1) / 2;
        //k=1;
        list[7] = jLabel[k / 2].getText() + " --- " + s[7];
        //下面是右子树
        k = 14;
        list[8] = jLabel[k].getText() + " --- " + s[14];
        list[9] = jLabel[k / 2 - 1].getText() + " --- " + s[13];
        list[10] = jLabel[k - 1].getText() + " --- " + s[12];
        k = k / 2 - 1;
        //k=6
        list[11] = jLabel[k / 2 - 1].getText() + " --- " + s[11];
        list[12] = jLabel[(k - 1) * 2 + 2].getText() + " --- " + s[10];
        k--;
        //k=5
        list[13] = jLabel[k].getText() + " --- " + s[9];
        list[14] = jLabel[k * 2 + 1].getText() + " --- " + s[8];
        Arrays.sort(list);
        for (int i = 0; i < list.length; i++) {
            lItemsForList1.addElement(list[i]);
        }
        jList.setModel(lItemsForList1);
}


//速度调节器
private JPanel getJPanel() {
    if (jPanel == null) {
        GridBagConstraints gridBagConstraints2 = new GridBagConstraints();
        gridBagConstraints2.gridx = 2;
        gridBagConstraints2.gridy = 0;
        jLabel2 = new JLabel();
        jLabel2.setText("慢              ");
```

```
                jLabel2.setFont(new Font("Dialog", Font.ROMAN_BASELINE, 14));
                                              //字体以罗马字体为基准
            GridBagConstraints gridBagConstraints1 = new GridBagConstraints();
            gridBagConstraints1.fill = GridBagConstraints.VERTICAL;
            gridBagConstraints1.gridy = 0;
            gridBagConstraints1.weightx = 1.0;
            gridBagConstraints1.gridx = 1;
            GridBagConstraints gridBagConstraints = new GridBagConstraints();
            gridBagConstraints.gridx = 0;
            gridBagConstraints.gridy = 0;
            jLabel1 = new JLabel();
            jLabel1.setText("            快");
            jLabel1.setFont(new Font("Dialog", Font.BOLD, 14));    //字体为黑体字，大小为 14
            jPanel = new JPanel();
            jPanel.setLayout(new GridBagLayout());
            jPanel.setBounds(new Rectangle(46, 487, 357, 57));
            jPanel.setBorder(BorderFactory.createTitledBorder(null,
                    "\u901f\u5ea6\u8c03\u8282",
                    TitledBorder.DEFAULT_JUSTIFICATION,
                    TitledBorder.DEFAULT_POSITION,
                    new Font("Dialog", Font.BOLD, 12), new Color(51, 51, 51)));
            jPanel.add(jLabel1, gridBagConstraints);
            jPanel.add(getJSlider(), gridBagConstraints1);
            jPanel.add(jLabel2, gridBagConstraints2);
        }
        return jPanel;
    }


    //滑动条响应
    private JSlider getJSlider() {
        if (jSlider == null) {
            jSlider = new JSlider();
            jSlider.addChangeListener(new javax.swing.event.ChangeListener() {

                @Override
                public void stateChanged(javax.swing.event.ChangeEvent e) {
                    time = jSlider.getValue() * 10;
                }
            });
        }
```

```
            return jSlider;
    }

public static void main(String[] args) {
    SwingUtilities.invokeLater(new Runnable() {//多线程

        @Override
        public void run() {
            DemoBiTreeSearch application = new DemoBiTreeSearch();
            application.getJFrame().setVisible(true);
        }
    });
}

//继承线程
class MyThread extends Thread {

    private int s[];

    public MyThread(int[] tom) {
        this.s = tom;
    }

    @Override//覆盖 run()方法
    public void run() {
        String find = jTextField.getText();
        if (!find.equals("")) {
            int h = Integer.parseInt(find);//将字符串改为整数
            int i = 0;
            while (h != s[i]) {
                jLabel[i].setForeground(Color.cyan);
                try {
                    Thread.sleep(time);
                } catch (InterruptedException e1) {
                }
                jLabel[i].setForeground(Color.yellow);
                try {
                    Thread.sleep(time);
                } catch (InterruptedException e1) {
                }
```

```java
            jLabel[i].setForeground(Color.BLUE);
            try {
                Thread.sleep(time);
            } catch (InterruptedException e1) {
            }
            jLabel[i].setForeground(Color.cyan);
            if (h > s[i]) {
                //从 0 开始
                i = i * 2 + 2;
            } else if (h < s[i]) {
                i = i * 2 + 1;
            }
            if (i >= s.length) {
                break;
            }
        }
        if (i < s.length && h == s[i]) {
            jLabel[i].setForeground(Color.cyan);   //查到的数字颜色为蓝绿色
            try {
                Thread.sleep(time);
            } catch (InterruptedException e1) {
            }
            jLabel[i].setForeground(Color.green);
            jLabel[i].setForeground(Color.orange);
            try {
                Thread.sleep(time);
            } catch (InterruptedException e1) {
            }
            jLabel[i].setForeground(Color.yellow);
            jLabel[i].setForeground(Color.white);
            JOptionPane.showMessageDialog(jLabel[i], ""
                    + "恭喜哦！您要查找的数值找到了。");
        } else {
            JOptionPane.showMessageDialog(null,
                    "抱歉哦！没有找到您要查找的数值。");
        }
    }
  }
 }
}
```

8.4　任务四　哈希表

在一个数据结构中查找给定数据，用前述的几种查找算法都需要经过一系列关键字比较才能得到查找结果，平均查找长度与数据量有关，数据越多，比较次数就越多。而每个数据的比较次数由该数据在数据结构中的位置决定，与数据的关键字无关。

如果根据数据的关键字就能够知道该数据的存储位置，那么只要花费 O(1) 时间就能得到查找结果，这是最理想的查找效率，哈希存储和查找就是基于这种思路的方法。

8.4.1　子任务 1　认识哈希表

哈希(hash)是一种按关键字编址的存储和查找方法，Hash 原意为杂凑。

1．哈希函数与哈希表

哈希函数(hash function)：在数据的关键字与该数据的存储位置之间建立一种对应关系，将这种关系称为哈希函数，由哈希函数决定的数据存储结构称为哈希表(hash table)。

2．哈希地址

设一个数据的关键字为 key，由 key 作为参数的哈希函数为 i=hash(key)，这个哈希函数的结果值 i 就是该数据在哈希表中的存储位置。因此，hash(key)也称为哈希地址。插入、删除、查找操作都是根据哈希地址获得数据的存储位置。

8.4.2　子任务 2　哈希函数的构造

1．构造哈希函数的要求

一个好的哈希函数的标准是使哈希地址均匀地分布在哈希表中，尽量避免或减少冲突。如何设计理想的哈希函数，需要考虑以下几方面因素：

(1) 哈希地址必须均匀分布在哈希表的全部地址空间。

(2) 函数简单，计算哈希函数花费时间为 O(1)。

(3) 使关键字的所有成分都起作用，以反映不同关键字的差异。

(4) 数据的查找频率。

2．常用哈希函数

每种类型的关键字有各自的特性，关键字集合的大小也不尽相同。因此，不存在一种哈希函数，对任何关键字集合都是最好的。在实际应用中，应该根据具体情况，比较分析关键字与地址之间的对应关系，构造不同的哈希函数，或将基本的哈希函数组合起来使用，以求达到最佳效果。下面介绍常用的哈希函数构造方法。

(1) 除留余数法。

除留余数法的哈希函数定义如下：

$$Hash(k)=k\%p$$

函数结果值的范围为 0～p−1。

除留余数法的关键在于如何选取 p 值，若 p 取 10 的幂次，如 $p=10^2$，表示取关键字的后两位作为地址，则后两位相同的关键字(如 321 与 521)产生同义词冲突，产生冲突可能性较大。通常，p 取小于哈希表长度的最大素数，取值关系见表 8-1。

表 8-1　哈希表长度与其最大素数

哈希表长度	8	16	32	64	128	256
最大素数	7	13	31	61	127	251

(2) 平方取中法。

平方取中法是将关键字值 k 的平方 k^2 的中间几位作为 hash(k) 的值，位数取决于哈希表长度。例如，k=6379，$k^2 = 40691641$，若表长为 100，取中间两位，则 hash(k)=91。

(3) 折叠法。

折叠法是将关键字分为几部分，再按照某种约定把这几部分组合在一起。

3. 哈希表的查找

在哈希表中查找数据的过程和构造的过程基本一致：对给定关键字 k，由哈希函数 H 计算出该数据的地址 H(k)。若表中该位置为空，则查找失败；否则，比较关键字，若相等，则查找成功。

8.4.3　子任务3　冲突及处理

1. 冲突

哈希函数实质上是关键字集合到地址集合的映射，如果这种映射是一一对应的，则查找效率就是 O(1)。在实际应用中，因为哈希表的存储容量有限，哈希函数是一个压缩映射，从关键字集合到地址集合是多对一的映射，所以不可避免地会产生冲突。

设有两个不同的关键字 k_1 和 k_2，$k_1 \neq k_2$，hash(k_1) = hash(k_2)，k_1 和 k_2 的哈希函数值相同，即表示不同关键字的多个数据映射到同一个存储位置，冲突是不可完全避免的。

2. 处理冲突的方法

由于冲突不可能完全避免，因此，妥善处理冲突是构造哈希表必须解决的问题。

假设哈希表的地址范围为 0～m-1，当对给定的关键字 k，由哈希函数 H(k) 计算出的位置上已有数据时，则出现冲突，此时必须为该数据另外找一个位置。如何确定这一空位置？对此，有以下几种常用的方法。

(1) 开放定址法。

$$H(k) = (H(k)+i)\%m \quad i = 1, 2, \cdots, q$$

其中 q≤m–1，m 为表长，d 为增量序列，d 的取值常用以下两种形式，分别称为线性探测法和二次探测法。

① 线性探测法：d = i，即 d 依次取 1，2，…，因此 H(k) = (H(k) + i) %m。

换句话说，在这种情况下，从 H(k) 开始向后逐个搜索空位置，若后面没有空位置，就从头开始搜索，直到搜索到空位或者回到 H(k) 为止。故这种搜索方法称为线性探测法。

例：已知哈希表的地址区间为 0～11，哈希函数为 H(k)= k%11，采用线性探测法处理冲突，试将关键字序列 9，19，59，4，8，12，18，63，19 依次存储到哈希表中，构造出该哈希表，并求出在等概率情况下查找成功时的平均查找长度。

解：为构造哈希表，需要依次计算每个数据的哈希地址，并根据已计算出的位置中是否有数据而作不同的处理：如果还没有存放数据，则将该数据直接存放进去，否则，就向后搜索空位置，如果后面没有空位置，就绕到最前面重新搜索，直到找到空位置，再将该数据存放进去即可(假设数组为 A)。

各个数据的存放过程如下：

H(9)=9，可直接存放到 A[9]中去。

H(19)=8，可直接存放到 A[8]中去。

H(59)=4，可直接存放到 A[4]中去。

H(4)=4，因为 A[4]已经被 70 占用，故向后搜索到 A[5]并存放。

H(8)=8，因为 A[8]、A[9]已分别被 30，20 占用，故向后搜索到 A[10]并存放。

H(12)=1，可直接存放到 A[1]中去。

H(18)=7，可直接存放到 A[7]中去。

H(63)=8，因 A[8]、A[9]、A[10]均被占用，故向后搜索到 A[11]并存放。

H(19)=8，因下标为 8~11 的数据均被占用，故向后搜索到 A[0]存放。

在运用线性探测法处理冲突时，可能会出现这样的情况：某一连续的存储区已经存放满了，因此在经过这一区域向后搜索空位置时，需要比较较多的数据，从而导致查找长度增大。二次探测法可改善这一问题。

② 二次探测法：d 的取值可能为 1、–1、4、–4、9、–9、16、–16、…、k×k、–k×k (k≤m/2)，这称为二次探测再散列。也就是说，该方法是在原定位置的两边交替地搜索，其偏移位置是次数的平方，故称这种方法为二次探测法。

(2) 再散列法。

当出现冲突时，可用另外不同的哈希函数来计算哈希地址。若此时还有冲突，则再用另外的哈希函数，依次类推，直至找到空位置。也就是要依次用 H1(k), H2(k), …, Hi(k), (i=1, 2, …)。

(3) 链地址法。

链地址法也称开哈希表。这一方法是将所有冲突记录(同义词)存储在一个链表中，并将这些链表的表头指针存放在数组中，这类似于图结构的邻接表存储结构和数结构的孩子链表结构。

8.4.4　子任务 4　哈希表操作演示项目

前面两个演示项目将所有内容都放在一个 Java 文件中不同，哈希演示项目采用多个类实现。

1. 构造哈希数据类 HashData.java

完整代码如下：

```
package ch8Search;


import javax.swing.JLabel;
public class HashData {
```

```
        public static JLabel lb1 = new JLabel("56");
        public static JLabel lb2 = new JLabel("12");
        public static JLabel lb3 = new JLabel("70");
        public static JLabel lb4 = new JLabel("15");
        public static JLabel lb5 = new JLabel("18");
        public static JLabel lb6 = new JLabel("30");
        public static JLabel lb7 = new JLabel("20");
    }
```

2. 构造哈希标签类 HashLabel.java

完整代码如下：

```
package ch8Search;

import java.awt.*;

public class HashLabel {

        public static Label lb0 = new Label("");
        public static Label lb1 = new Label("");
        public static Label lb2 = new Label("");
        public static Label lb3 = new Label("");
        public static Label lb4 = new Label("");
        public static Label lb5 = new Label("");
        public static Label lb6 = new Label("");
        public static Label lb7 = new Label("");
        public static Label lb8 = new Label("");

        public static void delay(long delay) {
            try {
                java.lang.Thread.sleep(delay);
            } catch (Exception ex) {
                ex.printStackTrace();
            }
        }
    }
```

3. 构造哈希按钮类 HashBtn.java

完整代码如下：

```
package ch8Search;

import java.awt.*;
import java.awt.event.*;
```

```
public class HashBtn implements ActionListener {

    public static Button btn1 = new Button("搜索");
    public int s = 0;
    public static TextField tf1 = null;
    static int n = 0;
    static int lo = 0;
    public static Label label1 = new Label();
    HashData lb1 = new HashData();
    int s1 = Integer.parseInt(lb1.lb1.getText().trim());
    int s2 = Integer.parseInt(lb1.lb2.getText().trim());
    int s3 = Integer.parseInt(lb1.lb3.getText().trim());
    int s4 = Integer.parseInt(lb1.lb4.getText().trim());
    int s5 = Integer.parseInt(lb1.lb5.getText().trim());
    int s6 = Integer.parseInt(lb1.lb6.getText().trim());
    int s7 = Integer.parseInt(lb1.lb7.getText().trim());
    HashLabel lb3 = new HashLabel();
    String st = null;
    int str1[] = new int[8];
    static Label str2[] = new Label[9];
    int str3[] = {s1, s2, s3, s4, s5, s6, s7, 0};

    HashBtn() {
        tf1 = new TextField();
        str1 = str3;
        str2[0] = lb3.lb1;
        str2[1] = lb3.lb2;
        str2[2] = lb3.lb3;
        str2[3] = lb3.lb4;
        str2[4] = lb3.lb5;
        str2[5] = lb3.lb6;
        str2[6] = lb3.lb7;
        str2[7] = lb3.lb8;
        btn1.addActionListener(this);
    }

    public void actionPerformed(ActionEvent e) {
        st = tf1.getText();
```

```
                String str4 = st.trim();
                int i = 0;
                int j = 0;
                str2[n].setText("");
                boolean pa = false;
                if (e.getSource() == btn1) {
                    try {
                        int str = Integer.parseInt(str4);
                        s = Integer.parseInt(tf1.getText());
                        lo = s % 7;
                        for (i = lo; i < 8; i++) {
                            str2[i].setText(" ↑ ");
                            if (str == str1[i]) {
                                n = i;
                                pa = true;
                                break;
                            }
                            lb3.delay(1000);
                            str2[i].setText("");
                        }
                        if (lo != 0) {
                            if (!pa) {
                                str2[7].setText("");
                                out:
                                for (j = 0; j < lo; j++) {
                                    str2[j].setText(" ↑ ");
                                    if (str1[j] == str) {
                                        pa = true;
                                        break out;
                                    }
                                    lb3.delay(1000);
                                    str2[j].setText("");
                                }

                            } else {
                                label1.setText("找到了");
                            }
                            if (pa) {
                                label1.setText("找到了");
```

```
            } else {
                label1.setText("找不到");
            }
        } else {
            if (pa) {
                label1.setText("找到了");
            } else {
                label1.setText("找不到");
            }
        }

    } catch (Exception ee) {
        label1.setText("你必须输入数据");
    }
}
}
}
```

4. 构造哈希查找类 DemoHashSearch.java
完整代码如下：

```java
package ch8Search;

import java.awt.*;
import java.awt.event.*;
import javax.swing.*;

public class DemoHashSearch {

    public static Frame frame = new Frame();

    public DemoHashSearch() {
        frame.addWindowListener(new WindowAdapter() {

            public void windowClosing(WindowEvent e) {
                frame.setVisible(false);
            }

            public void closedWindow(WindowEvent e) {
                frame.setVisible(false);
            }
```

```
});
HashBtn bt = new HashBtn();
Label lbl2 = new Label("输入查找的数据:");
frame.add(lbl2);
final int FRAME_WIDTH = 350;
final int FRAME_HEIGHT = 400;
frame.setSize(FRAME_WIDTH, FRAME_HEIGHT);
frame.setTitle("哈希函数的线性探测法");
Component add = frame.add(HashBtn.tf1);
Component add1 = frame.add(HashBtn.btn1);
frame.add(HashBtn.label1);
frame.setLayout(null);    //布局
lbl2.setBounds(20, 90, 100, 30);
HashBtn.label1.setBounds(176, 90, 90, 25);
HashBtn.tf1.setBounds(121, 90, 55, 25);
HashBtn.btn1.setBounds(125, 50, 40, 30);
HashData lb5 = new HashData();
Component add2 = frame.add(HashData.lb1);
Component add3 = frame.add(HashData.lb2);
frame.add(HashData.lb3);
frame.add(HashData.lb4);
frame.add(HashData.lb5);
Component add4 = frame.add(HashData.lb6);
frame.add(HashData.lb7);
HashData.lb1.setBounds(15, 195, 40, 20);//中序排序数据存放的位置
HashData.lb1.setBorder(BorderFactory.createEtchedBorder());
HashData.lb2.setBounds(60, 195, 40, 20);
HashData.lb2.setBorder(BorderFactory.createEtchedBorder());
HashData.lb3.setBounds(105, 195, 40, 20);
HashData.lb3.setBorder(BorderFactory.createEtchedBorder());
HashData.lb4.setBounds(150, 195, 40, 20);
HashData.lb4.setBorder(BorderFactory.createEtchedBorder());
HashData.lb5.setBounds(200, 195, 40, 20);
HashData.lb5.setBorder(BorderFactory.createEtchedBorder());
HashData.lb6.setBounds(250, 195, 40, 20);
HashData.lb6.setBorder(BorderFactory.createEtchedBorder());
HashData.lb7.setBounds(295, 195, 40, 20);
HashData.lb7.setBorder(BorderFactory.createEtchedBorder());
HashLabel lb3 = new HashLabel();
```

```
            Component add5 = frame.add(HashLabel.lb1);
            frame.add(HashLabel.lb1);
            Component add6 = frame.add(HashLabel.lb2);
            frame.add(HashLabel.lb3);
            Component add7 = frame.add(HashLabel.lb4);
            frame.add(HashLabel.lb5);
            Component add8 = frame.add(HashLabel.lb6);
            frame.add(HashLabel.lb7);
            Component add9 = frame.add(HashLabel.lb8);
            HashLabel.lb0.setBounds(0, 215, 30, 20);
            HashLabel.lb1.setBounds(15, 215, 40, 20);
            HashLabel.lb2.setBounds(60, 215, 40, 20);
            HashLabel.lb3.setBounds(105, 215, 40, 20);
            HashLabel.lb4.setBounds(150, 215, 40, 20);
            HashLabel.lb5.setBounds(200, 215, 40, 20);
            HashLabel.lb6.setBounds(250, 215, 40, 20);
            HashLabel.lb7.setBounds(295, 215, 40, 20);
            HashLabel.lb8.setBounds(315, 215, 40, 20);
            frame.setVisible(true);
        }

        public static void main(String[] args) {
            DemoHashSearch twotree = new DemoHashSearch();
        }
    }
```

课后任务

1. 学习各种查找方法，模仿或按照教程中的程序代码，构建各种查找方法程序实现。

2. 运行自己完成的各种查找方法程序实现，并进行测试，以帮助理解本学习情境的数据结构和算法内容。

3. 对各种查找方法中程序实现的不完善之处进行改进，或者写出更好的、创新的程序实现。

参 考 文 献

[1] William H.Ford，等. 数据结构(Java 版). 梁志敏，译. 北京：清华大学出版社，2006

[2] Mark Allen Eiess. 数据结构与算法分析. 冯舜玺，译. 北京：机械工业出版社，2004

[3] Jean-Paul Tremblay. 面向对象数据结构与软件开发(Java 版). 李晔，等，译. 北京：清华大学出版社，2005

[4] 叶核亚. 数据结构(Java 版). 2 版. 北京：电子工业出版社，2005

[5] 张世和，等. 数据结构. 北京：清华大学出版社，2007

[6] http://csdn.com/

[7] 百度百科(http://baike.baidu.com/)